世界银行贷款
中国经济改革促进与能力加强技术援助项目（TCC6）
中国城市社区居家适老化改造标准研究子项目

# 国内外城市社区居家适老化改造
# 典型案例集

住房和城乡建设部标准定额司

清华大学　周燕珉　王春彧　秦　岭　编著

中国建筑工业出版社

图书在版编目（CIP）数据

国内外城市社区居家适老化改造典型案例集 / 住房
和城乡建设部标准定额司等编著. —北京：中国建筑工
业出版社，2021.10
ISBN 978-7-112-26809-2

Ⅰ.①国… Ⅱ.①住… Ⅲ.①老年人住宅—旧房改造
—案例—世界 Ⅳ.①TU241.93

中国版本图书馆 CIP 数据核字（2021）第 212199 号

责任编辑：费海玲　焦　阳
责任校对：芦欣甜

**国内外城市社区居家适老化改造典型案例集**
住 房 和 城 乡 建 设 部 标 准 定 额 司
清华大学　周燕珉　王春彧　秦　岭　编著

\*

中国建筑工业出版社出版、发行（北京海淀三里河路9号）
各地新华书店、建筑书店经销
逸品书装设计制版
天津图文方嘉印刷有限公司印刷

\*

开本：787 毫米×1092 毫米　1/16　印张：17　插页：1　字数：440 千字
2021 年 10 月第一版　　2021 年 10 月第一次印刷
定价：**138.00** 元
ISBN 978-7-112-26809-2
（38579）

# 编 委 会

**主任委员**

韩爱兴

**副主任委员**

王果英　聂明学　田永英

**委　　员**

周燕珉　薛　峰　王　羽　赵尤阳　刘茹飞　马静越　董　晟
王　尧　陈　李　程晓青　王春彧　秦　岭　林婧怡　金　洋
王　玥　赫　宸　王祎然　靳　喆　崔德鑫　童　馨　凌苏扬


## 《国内外城市社区居家适老化改造典型案例集》
## 本册编委会

**本册主编**

周燕珉　王春彧　秦　岭

**本册编写组**

周燕珉　王春彧　秦　岭　林婧怡　陈　瑜　郑远伟　梁效绯
张昕艺　武昊文　张泽菲　范子琪　丁剑秋

**本册顾问专家**

程晓青　邵　磊　程晓喜　尹思谨　史舒琳

**书籍设计**

王春彧　王墨涵

**辅助制图**

方　芳　李雪滢　曾卓颖

党中央、国务院高度重视社区居家养老工作，将城市社区居家环境的适老化改造作为改善民生的重要任务之一。2021年3月，《中华人民共和国国民经济和社会发展第十四个五年规划和2035远景目标纲要》正式批准发布，第四十五章指出"实施积极应对人口老龄化国家战略"，将积极应对人口老龄化工作提升到国家战略高度，要求完善社区居家养老服务网络，推进公共设施适老化改造，进一步突出了城市社区居家适老化改造工作的重要性。

住房和城乡建设部根据党中央、国务院部署积极推动社区居家养老设施建设，出台一系列政策，组织制、修订相关标准规范，开展专项课题研究工作。

在政策制定方面。2020年7月，推动出台《关于全面推进城镇老旧小区改造工作的指导意见》（国办发〔2020〕23号），提出大力改造提升城镇老旧小区，改善居民居住条件，将"改造或建设小区及周边适老设施、无障碍设施""有条件的楼栋加装电梯"列为完善类改造内容。

2020年7月，会同民政部、国家发展改革委、财政部等9部委联合印发《关于加快实施老年人居家适老化改造工程的指导意见》（民发〔2020〕86号），贯彻落实党中央、国务院部署要求，以需求为导向，推动各地改善老年人居家生活照护条件，增强居家生活设施安全性、便利性和舒适性，提升居家养老服务质量。

2020年11月，会同国家发展改革委、民政部、国家卫生健康委等6部委联合印发《关于推动物业服务企业发展居家社区养老服务的意见》（建房〔2020〕92号）文件，要求推动和支持物业服务企业积极探索"物业服务+养老服务"模式，切实增加居家社区养老服务有效供给，更好地满足老年人的实际生活需求。

在标准制、修订方面，住房和城乡建设部不断完善养老服务设施专用标准，2018年3月发布《老年人照料设施建筑设计标准》JGJ 450—2018，针对老年人照料设施的基地选址、总平面布局与道路交通、建筑设计、建筑设备等内容提出建设要求。2019年11月发布《养老服务智能化系统技术标准》JGJ/T 484—2019，对居家养老、社区养老智能化系统提出配置要求。此外，还积极出台与老年人密切相关的通用标准，2021年9月发布国家标准《建筑与市政工程无障碍通用规范》GB 55019—2021，要求无障碍设施的建设和运行维护应满足残疾人、老年人等有需求的人使用，消除他们在社会生活上的障碍。在《城市居住区规划设计标准》GB 50180—2018、《建筑设计防火规范》GB 50016—2014（2018年版）等技术标准中对所涉及的养老服务设施建设内容都提出了明确的指标要求。

在专项课题研究方面，2020年3月财政部国合司与住房和城乡建设部标准定额司签订世界银行贷款中国经济改革促进与能力加强技术援助项目（TCC6）"中国城市社区居家适老化改造标准研究"

子项目执行协议。该项目主要是为了提出我国城市社区居家适老化改造标准，指导各地老旧小区开展社区居家适老化改造的设计、施工和验收工作，同时编制中国城市社区居家适老化改造实施指南和典型案例集，支撑城市社区居家适老化改造各项政策能够得到较好地贯彻落实。项目紧密围绕"人口老龄化""城镇老旧小区改造"等中国社会发展的重点方向，从立项到完工完全符合国家发展规划和重点改革议程，产出了一系列研究成果，进一步促进了行业发展，满足了老年人多样化多层次的养老服务需求。

本书是世界银行贷款中国经济改革促进与能力加强技术援助项目（TCC6）"中国城市社区居家适老化改造标准研究"子项目研究成果之一，由清华大学建筑学院团队历时一年多编制而成。编制过程中，研究团队广泛收集了国内外城市社区居家适老化改造的实践成果，筛选出了具有借鉴价值的典型案例，并对其成功经验与失败教训进行了深入分析。案例集收录了我国北京、上海、南京等多个城市以及荷兰、德国、丹麦、瑞典、美国、日本、新加坡、澳大利亚等多个国家的数十个城市社区居家适老化改造典型案例，从建筑设计、运营管理等方面对国内外案例的基本情况、改造思路、方案设计、改造效果等进行了总结和提炼，为各地开展社区居家适老化改造工作提供经验借鉴，为解决各地在制定改造政策、设计方案、施工措施、产品应用、工程管理等方面面临的具体困难和问题提供了实施路径。

由于篇幅有限，本书所涵盖的案例很难做到面面俱到，仅能代表国内外城市社区居家适老化改造的部分实践状况。图书出版时间紧张，内容难免存在疏漏之处，敬请读者指正！

编委会
2021 年 9 月 30 日

　　近年来，我国出台了一系列的政策法规，大力推动社区居家适老化改造工作。2020年7月，九部委联合印发了《关于加快实施老年人居家适老化改造工程的指导意见》，标志着我国的适老化改造工作已迅速进入"广泛实践期"。"十四五"规划明确提出将"支持200万户特殊困难老年人家庭实施适老化改造"，更是体现出国家一直以来对适老化改造工作的高度重视，社区居家适老化改造逐渐成为社会上的热点话题。然而，我们在近年的调研中发现，国内许多地区的适老化改造工作仍存在着支持政策尚不完善、实施步骤尚不系统、技术积累尚不充分的问题。一些试点项目的实际改造效果参差不齐，居民满意度也不够理想，适老化改造工作中亟须借鉴具有示范性的典型案例。

　　2020年9月起，在住房和城乡建设部的指导下，依托"中国经济改革促进与能力加强技术援助项目——中国城市社区居家适老化改造标准研究"子项目"典型案例集研究"课题，我们通过"周燕珉工作室"微信公众平台开展了适老化改造实践案例的征集活动。本次征集活动得到了社会各界的积极响应，共收到国内40余个单位及个人提供的案例52个，地域分布上涵盖了我国代表性的大、中城市。国外一些发达地区较早地进入了老龄化社会，在此过程中形成了大量与适老化改造相关的经验，其典型案例也非常具有参考价值。虽然本课题启动之时遭遇了"新冠"疫情的全球暴发，但得益于我们工作室此前每年组织的出国考察与调研活动，多年来我们积累了大量的一手资料，为本课题的国外案例部分提供了翔实的素材。在本书的编写过程中，我们还通过在线访谈、邮件联系等方式，向有关人员了解了这些案例的最新情况，获取了更加丰富的案例资料，保证了国外案例的完整性和时效性。

　　本书编写过程中，我们通过文献调研、实地调研、在线征集等方式共收集到国内外案例150余个，经过近10次专家评审及内部讨论会议，最终遴选出了38个典型案例编辑成书，力求向读者深刻全面地呈现当今社区居家适老化改造的最新发展动态与先进设计经验。全书从策划到完稿历时近两年，由我们团队的科研人员、建筑师、在读和已毕业的研究生合力完成。从选题、资料整理、写作、内部多轮审校到最终定稿，团队的全体成员都以严谨、热情的工作态度投入其中。

　　全书主要分为两大部分，四个章节。第一部分（即第1章）是城市社区居家适老化改造研究专题，本部分由清华大学课题组的多位教授撰写，共包含六篇研究文章，旨在系统、深入地介绍适老化改造的政策、实施要点与设计策略等内容。第二部分（即第2章至第4章）是国内外城市社区居家适老化改造案例，分别从住宅户内与楼栋、养老服务设施和室外环境三个维度对相关案例进行了深入剖析。第2章是老年人家庭户内与住宅楼栋空间的适老化改造案例，其中国外案例侧重介绍发达国家居家适老化改造的政策行动，国内案例侧重对具体实践项目进行分析；第3章是社区居家养老服务设施的适老化改造案例，其中国外案例包括亚洲、欧洲多个国家的老年人服务设施、老年公寓和护理设施等，国内案例则以各地区的社区嵌入式老年人照料设施为主；第4章是社区室外环境与城市公共环境的适老化改造案例，其中国内外案例都关注了广场、公园、道路等空间的适老化改造，旨在解决老年人在社区和城市尺度的活动与出行问题。

全书理论与实践相结合，力求通过图文并茂、通俗易懂的形式，全方位、多维度地展现国内外城市社区居家适老化改造的典型实践成果，供设计师、开发商、物业管理者、社区工作者和政府官员等从事适老化改造相关工作的人士参考。

在本书正式出版之际，我们谨代表课题组，对案例征集与调研过程中给予我们帮助和指导的国内外资深学者、养老建筑运营方、开发商、建筑设计团队与行业组织等单位和个人表示衷心的感谢。希望通过本书，为我国未来的社区居家适老化改造工作提供有益的借鉴与启发。

周燕珉　王春彧　秦　岭
于清华园

# CONTENTS
## 目 录

## 第3章
## 社区居家养老服务设施的适老化改造案例

# 第4章
## 社区室外环境与城市公共环境的适老化改造案例

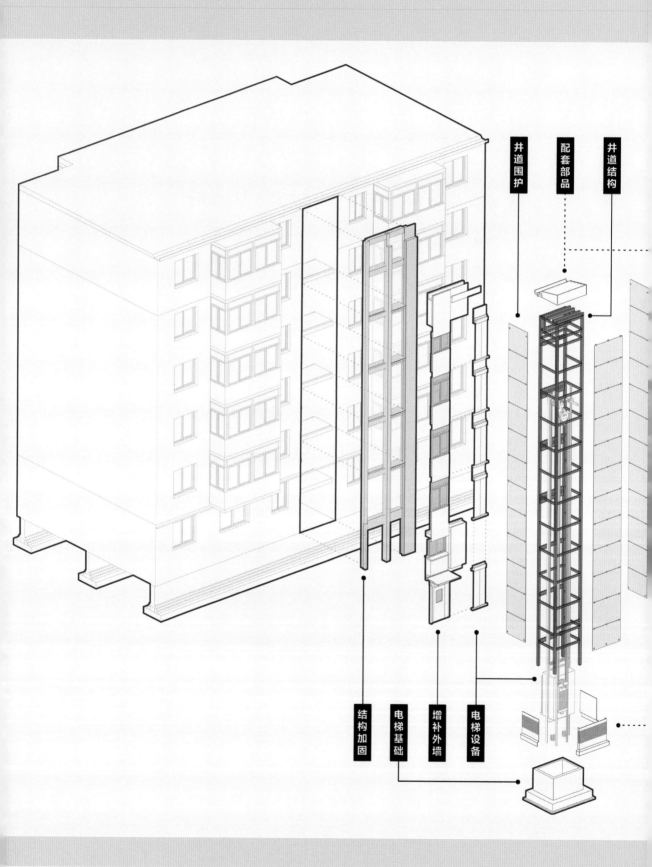

井道围护

配套部品

井道结构

结构加固

电梯基础

增补外墙

电梯设备

# 第1章
# 城市社区居家适老化改造研究

　　本章主要包括两部分，前半部分为国内外适老化改造的政策与行动综述；后半部分为适老化改造的常见类型与要点解析，主要从居家适老化改造、老旧住宅加装电梯、社区养老服务设施改造、既有建筑室内公共空间的适老化改造、老旧社区室外开放空间的适老化改造等五个方面来论述，为读者提供理论和方法的参考。

# 国内外适老化改造的政策、行动与实践综述

周燕珉　王春彧

## 引言

2019年11月，中共中央、国务院印发的《国家积极应对人口老龄化中长期规划》提出"健全以居家为基础、社区为依托、机构充分发展、医养有机结合的多层次养老服务体系"[1]。"基础"和"依托"这两个关键词，强调了居家和社区养老的重要性。然而，作为我国老年人最主要的养老模式，居家和社区养老的空间环境往往不尽如人意，老年人在家中和社区的安全事故屡屡发生，"不适老"的空间设计让老年人感到不安全、不舒适，更谈不上生活质量。我国的居家适老化改造亟须全社会的重视，从政策、行动到实践层面上学习国际先进的经验，大力推动相关工作。

## 1 国内政策动态

近年来，我国出台了一系列的政策法规，大力推动居家适老化改造。"十二五"时期，"老年人家庭无障碍改造"的概念首次被提出，相关表述写入了《老年人权益保障法》和有关文件中。到了"十三五"初期和中期，我国开始了居家适老化改造的试点探索，"老年人居家适老化改造"成为更广泛的表述，也成为新兴行业，一些专业服务机构和组织应运而生。到"十三五"末期，居家适老化改造进入广泛实践阶段，相关政策文件的表述变得更加细化、明确。"十四五"规划提出将"支持200万户特殊困难老年人家庭实施适老化改造"，体现了国家对于适老化改造工作的高度重视[2]。

存量建筑的更新是解决用地紧张、提升城市活力的重要方式。其中，既有建筑改造为社区养老服务设施的做法，在近年来受到了政策的广泛支持。2016年《国务院办公厅关于全面放开养老服务市场提升养老服务质量的若干意见》中明确指出，可以"统筹利用闲置资源发展养老服务，有关部门应按程序依据规划调整其土地使用性质。……对城镇现有空闲的厂房、学校、社区用房等进行改造和利用，举办养老服务机构"，为既有建筑改造成为社区养老服务设施提供了用地改性的政策性依据[3]。2019年《国务院办公厅关于推进养老服务发展的意见》中进一步提出"对于空置的公租房，可探索允许免费提供给社会力量，供其在社区为老年人开展日间照料、康复护理、助餐助行、老年教育等服务。"[4]2020年《国务院办公厅关于促进养老托育服务健康发展的意见》也强调了"强化用地保障和存量资源利用。……调整优化并适当放宽土地和规划要求，支持各类主体利用存量低效用地和商业服务用地等开展养老托育服务。"[5]

关于资金支持政策，2019年《民政部关于进一步扩大养老服务供给 促进养老服务消费的实施意见》中指出，"推进居家和社区适老化改造……鼓励地方采取政府补贴等方式，对所有纳入特困供养、建档立卡范围的高龄、失能、残疾老年人家庭给予最急需的适老化改造。"[6]一些省市对改造型社区养老设施出台了补贴政策，例如北京市为"应建未建'空白区'现有养老机构采取扩建方式，开展养老照料服务的，每新增一张床位资助2万元，最高资助300万元。依托现有养老机构，按照功能要求、采取改造方式、对机构内部场地进行完善的按照改造费的50%予以资助，最高资助150万元。"[7]这些政策都为居家适老化改造中家庭、设施和社区环境的改造提供了支持。在本书研究的案例中，我们可以深刻体会到政策引导下，改造型养老设施的发展态势。

## ② 国内适老化改造的行动与实践

### 2.1 居家与楼栋

2007年，借助举办奥运会和残奥会的契机，北京面向残疾人家庭提供了无障碍改造服务，是我国较早的面向特殊群体的家庭环境改造行动[2]。2012年，上海市启动了为1000个低保困难老年人家庭提供居室适老改造服务的项目。此后，各地纷纷出台相关政策，以服务特殊困难老年人家庭为主。截至2020年7月10日，中国大陆已有23个省、自治区、直辖市的72个地级以上城市开展了居家适老化改造工作，预计2020年底将惠及逾百万个老年人家庭。

在我们的调研中发现，从改造内容上，安装扶手、地面防滑、设置浴凳、卫生间设置坐便器、消除高差是各地改造工作中最为常见的项目。可见，卫生间是适老化改造最被关注的居住空间。从实施步骤上来看，各地的改造工作步骤基本类似，都可划分为五个步骤：①征集服务对象；②向相关服务机构提出采购；③评估、设计改造方案；④实施改造；⑤成果验收[2]。

### 2.2 社区养老服务设施

在我国北京、上海等一些大城市的核心城区，老年人口、高龄老人的比例均高于远郊区县。这些核心城区中的成熟社区往往对养老服务需求更加迫切，但周边用地普遍紧张，因此，利用闲置的既有建筑改建、扩建为社区养老服务设施常见的建设方式。2016年北京市居家养老相关服务设施摸底普查数据显示，全市养老助残设施中有50.4%为改建、4.9%为扩建（表1）[8]。

近年来，国内改造型养老服务设施的既有建筑类型多样，其中中小型快捷旅馆酒店、住宅公寓、工业厂房是最主要的两类改造建筑来源。这两类建筑均具有一定的居住属性，与入住型养老设施的长期居住功能有相似之处，并且多数嵌入或毗邻居住区，是社区养老服务设施的重要建筑来源。

随着我国居家养老和社区养老的发展，改造型社区养老服务设施的类型也变得多样。从功能性质上分大约有如下几个类型：①以看护照料为主，如养老照料中心、日间照料中心等；②以提供服务为主，如养老服务驿站（养老服务中心）等；③以文体活动为主，如老年活动中心（场、站）等；④以医疗保健为主，如社区卫生服务中心（站）等[9]。丰富的设施类型满足了老年人的多样化需求。

| 建设方式 | 街道乡镇 | | 社区 | | 合计 | |
|---|---|---|---|---|---|---|
| | 个数 | 比例/% | 个数 | 比例/% | 个数 | 比例/% |
| 新建 | 125 | 25.8 | 1057 | 30.3 | 1182 | 30.1 |
| 扩建 | 32 | 6.6 | 161 | 4.6 | 193 | 4.9 |
| 改建 | 285 | 58.9 | 1695 | 48.6 | 1980 | 50.4 |
| 其他 | 42 | 8.7 | 575 | 16.5 | 617 | 15.7 |
| 合计 | 484 | 100.0 | 3488 | 100.0 | 3972 | 101.1 |

2016年北京市按街道、社区和设施建设方式分类的养老助残设施数量和比例　　表1

（普查参照时点为2016年9月22日）（数据来源：参考文献[8]）

## 2.3 社区与城市室外环境

社区及其周边的城市环境是老年人高频活动的场所。然而，目前国内大多数社区环境都缺乏适老化的设计考虑，无法很好地满足老年人的活动需求，尤其是一些建成年代较早、设施较为陈旧的老小区问题最为突出[10]。近年来，各地政府逐渐开始重视对城区内的既有社区进行适老化改造。但是现有改造多集中于老旧小区的节能改造和管线改善等方面，适老化配置常常局限在设置无障碍设施设备这一单一角度[11]，缺少对老年人活动空间、代际交往空间、城市公共环境的适老化考虑。我国社区与城市室外环境成功实践仍较少，在本项目的调研观察中我们看到，即使是北京、上海等大城市，其改造项目也仍在试点阶段，虽然已经有层出不穷的优秀案例，但整体上还未形成成熟的经验。

## 3 国外政策、行动与实践

### 3.1 居家与楼栋

国外的居家适老化改造经历了多年的尝试，已经形成了较为成熟的经验。依据改造的支持政策，可以将各国的模式分为政府补贴为主、护理保险支持为主和市场化为主三类（图1）[12]。

#### 1. 政府补贴为主

**新加坡**

新加坡建屋发展局（Housing and Development Board, HDB）推出了一系列的计划，对住宅的改造和更新提供资金补贴与技术支持。与老年人直接相关的主要包括以下计划：

家庭改造计划（Home Improvement Programme, HIP）针对1986年及以后建造的、需要进行改造更新的住宅，分为必选项目、可选项目（2007年推出）和乐龄易计划（EASE，2012年推出）。其中，必选项目主要包括修复建筑结构、更换上下水管道、升级供电系统等基础改造内容；可选项目增加了入户大门、垃圾斗和卫浴升级内容[13]；乐龄易计划专门面向老年人家庭，主要包括对卫浴地面进行防滑处理、安装扶手、在技术可行的位置安装坡道等适老化改造内容。必选项目由政府全额补贴；可选项目和乐龄易计划中，根据待改造的住宅大小和类别，政府补贴的金额占改造总费用的87.5%~95%之间，居民承担的费用很少[14]。

电梯升级计划（Lift Upgrading Programme, LUP）针对1990年以前建成的、没有电梯的住宅楼栋，在条件允许的情况下提供加装电梯的支持。改造方案需经过业主投票，75%及以上的业主赞成时才可实施。加装电梯的费用中的大部分由政府和市镇议会承担，其余小部分费用由居民承担（每位居民需支付金额在3000新元以下，不含税）[15]。

此外，对于一些因为走廊过窄等原因无法在入口处加装无障碍坡道的组屋，HDB还推出了轮椅升降设备实验计划（Wheelchair Lifter Pilot Scheme），政府对此补贴50%的加装费用[16]。

新加坡的居家及楼栋适老化改造计划涵盖了住宅套内、加装电梯、无障碍细节等方面，形成了较为完善的适老化改造体系。基于新加坡的公共福利制度，这些计划中政府的资金支持力度较大，总体上大部分改造费用都由政府补贴，有些也来自居民自己的中央公积金[17]（更多详细内容，请参阅本书案例01）。

**瑞典**

在北欧的一些高福利的国家，其社会养老模式在过去几十年经历了从鼓励大规模机构养老，到引导老年人居家养老的转变。瑞典早在1980年颁布的《社会服务法》（Socialtjänstlag）的第19条第1项就规定应该努力确保老年人在安全的环境独立生活，并尊重他们活动的自由[18]。以此为依据，瑞典在1984年提出了"终身住在自己家"的方针，同时也开始提供面向老年人的住宅改造服务。在1997年瑞典《社会服务法》修正时，进一步提出了"原居安老"的原则[19]。由此可见，瑞典对老年人的居住政策倾向于引导他们在自己的住宅中生活，而非入住到养老设施中。

瑞典的住宅适老化改造实施流程主要包括以下几个步骤：①提出申请：老年人向自己所在的社区提出申请，负责改造申请的通常是老年人自己的作业治疗师（occupational therapist, OT）、医师或物理治疗师（physical therapist, PT），近年来建筑师也可以担任这一工作；②必要性审核：如果住宅未达改造标准，或修缮投入过大，可能会驳回申请，并提出让老年人移居到公共住宅的解决方案；③实施改造：改造工程注重效率和持续性，大多数的改造工期只需1~2个月的时间，并且优先采用有利于回收建材的方法，如更倾向于使用金属坡道而非现浇混凝土坡道等。上述申请可享受瑞典的住宅改造补贴政策。申请没有时间、次数和预算的限制[12][19]。

**丹麦**

与瑞典提倡居家养老的政策类似，丹麦也积极倡导老年人"尽可能更长时间地住在自己家里（Længst muligt i eget hjem）"[20]。1987年修订后的《社会援助法》（Lov om social bistand）中提及可以为老年人和残疾人的住宅设计提供必要的帮助，使其更适合居住[21]。同年颁布的《老年人住宅法》（Ældreboligloven）中明确了老年人住宅在空间设计和设备上应满足老年人和残疾人的使用需求，如独立的卫生间、淋浴间、厨房和上下水设备[22]。1998年颁布的《社会服务法》（Lov om social service）和《社会行政领域的权利保障和行政管理法》（Lov om retssikkerhed og administration på det sociale område）取代了原《社会援助法》[23]，进一步强调了各地区必须确立上门护理服务、辅具的发放、住宅改造等福利实施的具体政策[24]，推动了丹麦住宅适老化改造工作的落地。

丹麦的住宅适老化改造内容同样以消除高差、拓宽走廊、改造卫生间等保证老年人安全的基础项目为主，改造步骤和瑞典相似，并且施工后还有验收评价和申诉机制。在资金补贴上，这些改造资金来源于政府的税收，每个丹麦公民的改造申请没有次数、时间、金额的上限（但实际操作中通常以所在自治市能够承担的金额为限）。因此，改造项目中会尽量挑选价格低廉的施工方法，申请者如需提高改造要求则应自付差价[12][19]。

## 2. 护理保险支持为主

### 德国

德国在1994年颁布了世界上第一部《护理保险法》（Pflegeversicherungsgesetz），为包含老年人在内的各类人群的住宅适应性改造提供支持。按照该法的规定，护理等级为1~3级的人群，以及护理等级为0但患有认知症或存在永久性身心障碍需要照护的人群可以申请护理保险支付的住房改造基金，每例改造的费用支持上限为2577欧元（约合人民币2万元）。基金主要用于有改造必要性的项目，如楼梯扶手、固定式坡道、消除地面高差、改善卫生间、设置无障碍厨房等，实施流程主要分为申请—审核—设计与施工—保险金领取四个步骤[25]。

德国的住宅改造政策体系非常复杂多元，除了护理保险的支持以外，还有政府补贴、医疗保险、养老保险金、意外伤害保险、银行贴息贷款、税费减免政策等多种支持方式[26]。多个机构的补助，有利于满足各类人群的需求。

### 日本

随着日本老龄化程度的不断加深，20世纪80年代日本政府对起源1969年的《都市再生法》进行了修订，确立了公私合作的适老化改造政策[27]。1982年颁布的《老人保健法》使得居家养老得到进一步关注[28]。1983年，隶属于日本建设省（于2001年的机构重组中并入国土交通省）的日本公团（后改称都市再生机构）出台了多个都市再生计划，包括功能提升计划（Life-up Program）、更新项目计划（Renewal Project Program）、全面的住宅区更新整备计划（Comprehensive Danchi Environment Preparation Program）和其他改造计划等，其中包含了许多诸如无障碍设计、老幼活动空间设计等适老化改造的内容[29]。

2000年，日本《介护保险法》正式实施。介护保险用以应对老龄化社会下老年人的照护问题，其资金50%来自国家税收，50%来自个人缴纳的保险金。参保人需从40岁开始缴纳，在65岁以上且通过介护等级认定后可以使用其支付护理服务的费用。在此基础上，2006年起厚生劳动省推出了"介护保险支付的住宅改修政策（居宅介護住宅改修・介護予防住宅改修に係る介護保険の給付）"规定了介护保险可以用于支付住宅的改造服务，服务对象为介护等级认定为"要支援1-2"或"要介护1-5"的65岁以上的参保人、患有早期痴呆等15种疾病的40~65岁的参保人。

介护保险可以支持的住宅改造服务项目具体包括安装扶手、消除高差、地面防滑处理、更换或安装推拉门、将蹲便器更换为坐便器，以及和上述几项内容相关且有改造必要的项目（如对安装扶手的墙壁进行加固处理）。此外，介护保险也可以支付部分辅具的租赁和购买费用。

介护保险为每位老人在同一介护等级和同一居所时支付的限额为20万日元，当符合条件的参保人提交的住宅适老化改造的申请通过后，介护保险可报销实际改造费用的90%，即20万日元×90%=18万日元（约合人民币11000元）[27]（更多详细内容，请参阅本书案例02）。

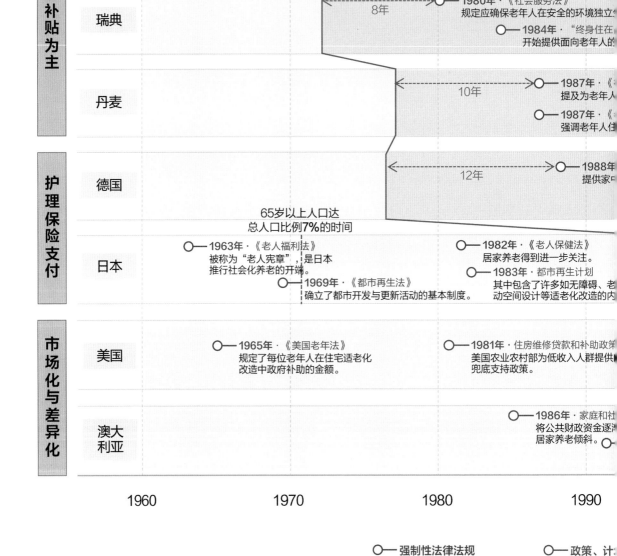

**政府补贴为主**

新加坡

瑞典

65岁以上人口达
总人口比例**14%**的时间

8年 ——— 1980年·《社会服务法》
规定应确保老年人在安全的环境独立⋯

—— 1984年·"终身住在⋯
开始提供面向老年人的⋯

丹麦

10年 ——— 1987年·《⋯
提及为老年人⋯

—— 1987年·⋯
强调老年人住⋯

**护理保险支付**

德国

12年 ——— 1988年⋯
提供家⋯

65岁以上人口达
总人口比例**7%**的时间

日本

—— 1963年·《老人福利法》
被称为"老人宪章",是日本
推行社会化养老的开端。

—— 1969年·《都市再生法》
确立了都市开发与更新活动的基本制度。

—— 1982年·《老人保健法》
居家养老得到进一步关注。

—— 1983年·都市再生计划
其中包含了许多如无障碍、老
动空间设计等适老化改造的内⋯

**市场化与差异化**

美国

—— 1965年·《美国老年法》
规定了每位老年人在住宅适老化
改造中政府补助的金额。

—— 1981年·住房维修贷款和补助政策
美国农业农村部为低收入人群提供
兜底支持政策。

澳大利亚

—— 1986年·家庭和社⋯
将公共财政资金逐⋯
居家养老倾斜。

1960　　　　　1970　　　　　1980　　　　　1990

○—— 强制性法律法规　　　○—— 政策、计⋯

图1　世界部分发达国家中,与居家⋯
（来源:⋯

65岁以上人口达
总人口比例**7%**的时间

—1992年·主要翻新计划（MUP）　　○—2007年·家庭改造计划（HIP）　○—2018年·轮椅升降设备实验计划
对组屋的升级改造计划。　　　　　对家庭户内的改造提升计划。　　针对入口处无法加装坡道的组屋。

○—2001年·电梯升级计划（LUP）　　○—2012年·乐龄易计划（EASE）
针对住宅共用部分的电梯升级计划。　　属HIP计划的一部分，针对老年人新增。

E活。

○—1997年·《社会服务法》修订
进一步提出了"原居安老"的原则。

自己家"

住宅改造服务。

t会援助法》修订　○—1998年·《社会服务法》、
的住宅设计提供帮助。　　《社会行政领域的权利保障和行政管理法》
强调了各地区必须确立上门护理服务、辅具
老年人住宅法》　　的发放、住宅改造等福利实施的具体政策。
宅空间设计和设备要求。

·《医疗保险法》
辅具购置与租赁服务的支持。

○—1994年·《护理保险法》
世界上第一部护理保险法规。

○—1997年·《介护保险法》
2000年正式实施，养老保险立法
体系得到进一步完善。

幼活　　←------→　　○—2005年·《介护保险法》修订
容。　　　　10年　　　2006年正式实施，增加介护保险支付的住宅改修政策。

○—2015年·宜居改造指南
美国退休人员协会（AARP）提供的技术指南。

←----→　○—2017年·《老年人无障碍住房法案》
3年　　为进行住宅改造的老年人提供纳税减免。

区照护服务计划　○—1997年·《老年护理法》　　○—2013年·联邦居家养老支持计划
从机构养老向社区　　多方面保障老年人的权益。　　原有的家庭和社区照护服务计划陆续停止执行。

—1992年·《残疾歧视法》　　　　　　　○—2013年·家庭照护套餐计划
规定社会住房提供者有义务提供合理的调整（改　　包含提升独立性、提升居住安全性和提升
造）和资金资助以支持存在残疾状况的房客。　　与社区连接度等三大层面的服务。

2000　　　　　2010　　　　　2020　　　　　年

65岁以上人口达
总人口比例**14%**的时间

刂、行动

§老化改造直接相关的法规政策一览
者整理）

### 3.市场化运行为主

**美国**

美国在1965年颁布了《美国老年法》(the Older Americans Act)，其中规定，每位老年人在住宅适老化改造中政府补助的金额不能超过150美元（约合人民币1000元）。这样的额度显然杯水车薪，改造的主要费用还需通过机构筹集或自行负担，形成了一种以市场化经济运行为主的模式。美国的社会经济发展历史、人们的消费观念决定了老年人普遍比青年人更加富有，因此适老化改造需求反而为专业的改造服务机构带来了商机[30][31]。

虽然以市场化为主，但对于家庭收入低于地区中位数50%的困难人群，美国农业农村部（Rural Development, U.S. Department of Agriculture）依然提供住房维修贷款和补助（Very Low-income Housing Repair Loans and Grants）作为兜底支持。其中，贷款金额上限为20000美元，贷款期限为20年，利率固定为1%；如无能力偿还贷款且年龄在62岁以上，则提供终身不超过7500美元的补助[32][33]。

在技术指南方面，美国退休人员协会（AARP）作为非政府组织，在2015年发布的《住房适应性改造导则》(HomeFit Guide)为政府、市场服务机构和老年人提供了详细的改造解决方案和指导，包括住宅入口、厨房、楼梯、客厅、卧室、卫生间和其他细节的内容（更多详细内容，请参阅本书案例04）。

## 3.2  社区养老服务设施

在一些地广人稀的地区如北欧国家，改造型社区养老服务设施的建设往往拥有更为宽松的土地资源，设施的规模和类型可以获得较高的自由度。而对于土地资源较为紧张的国家如日本、新加坡，由于社区老人养老服务的强烈需要，社区往往通过插建、改建的方式来设置社区嵌入型养老服务设施。例如，新加坡通过组屋底层空间插建老年人食堂、老年人活动中心的方式，来解决组屋居住的老年人活动空间不足的问题。日本部分社区通过插建小规模多功能养老设施的方式，满足社区内老年人就近接受照料服务的需求；有些地区甚至鼓励居民将自用的住宅改造为面向周边居住老人的社区养老服务设施，居民自己开办的服务包含供餐、照护等，既实现了社会资源的充分利用，又营造了社区居民间的融洽氛围（据笔者2000—2018年在日本东京、新潟、大阪、北海道等地的调研观察）。这些改造经验也更适用于中国的国情，具有借鉴意义。

## 3.3  社区与城市室外环境

世界卫生组织于2007年发表了《全球老年友好城市建设指南》，其整体规划和设计都围绕着"健康、参与和安全"主题展开，其中尤其强调了老年人在城市生活中的户外空间方面的需求。在这一背景下，许多发达国家都开展了社区与城市室外环境的适老化改造工作。

新加坡住房和发展委员会于2007年推出社区更新计划（Neighborhood Renewal Programme, NRP），将室外环境的更新分为街区级改造、地区级改造和其他改造三个层级，并分区指定社区环境更新"五年计划"，推进社区"健身角"的升级改造、为已有坡道加装顶篷、建设社区公共花园等工作。新加坡还通过"乐龄安全区"的改造计划，分析老年人高频出行的社区和城市室外空间，找出事故最易发生的位置，运用多种设计手法进行交通安全改造。

美国退休人员协会发起的"宜居社区"倡议，为所有人群尤其是老年人创造更加宜居的社区环境，其中较具代表性的措施是打造全龄公园及公共空间。这些改造措施不仅帮助了社区的老年人，也提升了社区的整体环境品质，有效促进了社区交往，为所有年龄、能力水平和背景的居民提供充分参与社会生活的机会，为社区持续健康发展注入活力。

## 总结

一些发达国家的适老化改造从政策、行动到实践层面形成了较为成熟体系，通过研究这些国家的经验，可以为我国的居家适老化改造工作提供诸多启示：

第一，应完善适老化改造的法律体系，提供制度保障。发达国家中，无论是高福利还是市场化的社会体制，都有与适老化改造直接相关的明确法律条文。我国在《老年人权益保障法》中对于老年宜居环境的表述尚未有对适老化改造的内容，需要在未来逐步完善。

第二，应丰富适老化改造的资金来源和补贴形式。发达国家在适老化改造资金支持方式上多种多样，有政府补贴、护理保险、市场化等方式。我国目前在适老化改造上的资金筹集形式还主要停留在政府补贴上，长期护理保险支付的方式还处于试点摸索阶段。未来需要学习国外经验，结合国情，进一步丰富我国适老化改造的筹资模式。

第三，促进适老化改造的多方协作，建立指定企业和职业资质认定制度，并充分发挥市场和社会力量对适老化改造的推动作用。这样，才能使我国的居家适老化改造工作走上更加专业化、规范化、高效率和良性的发展轨道，从而真正提升老年人的生活质量。

第四，通过多种形式对适老化改造知识和理念进行普及教育。如今许多老年人对适老化改造存在顾虑、误解乃至畏惧，不愿意尝试改造。我们应尽可能利用各类媒介，向老年人积极推广宣传适老化改造，以提升老年人改造的意愿，让适老化改造惠及更多家庭。

**参考文献**

[1] 国家积极应对人口老龄化中长期规划[EB/OL]. http://www.gov.cn/zhengce/2019-11/21/content_5454347.htm
[2] 秦岭. 居家适老化改造的实践框架与方法研究[D]. 北京：清华大学，2021.
[3] 国务院办公厅关于全面放开养老服务市场提升养老服务质量的若干意见[EB/OL]. http://www.gov.cn/zhengce/zhengceku/2016-12/23/content_5151747.htm
[4] 国务院办公厅关于推进养老服务发展的意见[EB/OL]. http://www.gov.cn/zhengce/content/2019-04/16/content_5383270.htm?trs=1
[5] 国务院办公厅关于促进养老托育服务健康发展的意见[EB/OL]. http://www.gov.cn/zhengce/content/2020-12/31/content_5575804.htm
[6] 民政部关于进一步扩大养老服务供给 促进养老服务消费的实施意见[EB/OL]. http://www.mca.gov.cn/article/gk/wj/201909/20190900019848.shtml
[7] 北京市民政局 北京市财政局关于印发《北京市街道（乡镇）养老照料中心建设资助和运营管理办法》的通知[EB/OL]. http://

www.beijing.gov.cn/zhengce/zhengcefagui/201905/t20190522_60192.html

[8] 乔晓春.北京市养老相关资源整体状况分析[M].北京:华龄出版社,2018:72-73.

[9] 周燕珉,林婧怡.国内外养老服务设施建设发展经验研究[M].北京:华龄出版社,2018.

[10] 周燕珉,秦岭.适老社区环境营建图集:从8个原则到50条要点[M].北京:中国建筑工业出版社,2018.

[11] 何凌华,魏钢.既有社区室外环境适老化改造的问题与对策[J].规划师,2015,31(11):23-28.

[12] 司马蕾.发达国家住宅适老化改造政策与经验[J].城市建筑,2014(05):41-43.

[13] Housing & Development Board. Home improvement programme(HIP)[EB/OL]. [2020-11-24]. https://www.hdb.gov.sg/cs/infoweb/residential/living-in-an-hdb-flat/sers-and-upgrading-programmes/upgrading-programmes/types/home-improvement-programme-hip

[14] Housing & Development Board. Enhancement for active seniors(EASE)[EB/OL]. [2020-11-24]. https://www.hdb.gov.sg/cs/infoweb/residential/living-in-an-hdb-flat/for-our-seniors/ease

[15] Housing & Development Board. Lift upgrading programme(LUP)[EB/OL]. [2020-11-24]. https://www.hdb.gov.sg/cs/infoweb/residential/living-in-an-hdb-flat/sers-and-upgrading-programmes/upgrading-programmes/types/lift-upgrading-programme

[16] Housing & Development Board. Wheelchair lifter pilot scheme[EB/OL]. [2020-11-24]. https://www.hdb.gov.sg/cs/infoweb/residential/living-in-an-hdb-flat/for-our-seniors/wheelchair-lifter-pilot-scheme

[17] 张威,刘佳燕,王才强.新加坡公共住宅区更新改造的政策体系、主要策略与经验启示[J/OL]. 国际城市规划:1-27[2021-06-13]. http://kns.cnki.net/kcms/detail/11.5583.TU. 20210313.1351.002.html

[18] Socialdepartementet. Socialtjänstlag(1980:620)[EB/OL]. 1980-06-19[2021-08-20]. https://www.riksdagen.se/sv/dokument-lagar/dokument/svensk-forfattningssamling/socialtjanstlag-1980620_sfs-1980-620

[19] 上田博之.福祉先進国における高齢者に対する住宅改修-デンマーク,スウェーデン,ドイツ,オランダの現況[J]. 生活科学研究誌,2003(2):163-172.

[20] Uddannelses- og Forskningsministeriet. Længst muligt i eget hjem[EB/OL]. 2013-05-05[2021-08-19]. https://ufm.dk/publikationer/2013/inno-det-innovative-danmark/inno/modtagede-indspil/afsender/lev-vel/laengst-muligt-i-eget-hjem

[21] Danske Love. Lov om social bistand[EB/OL]. [2021-09-20]. https://www.retsinformation.dk/eli/lta/1989/637

[22] Danske Love. Ældreboligloven[EB/OL]. 1986[2021-08-19]. https://www.retsinformation.dk/eli/ft/198612K00116

[23] R.Farbøl et al. Bistandsloven, 1974-1998[EB/OL]. 2018[2021-09-24]. https://danmarkshistorien.dk/leksikon-og-kilder/vis/materiale/bistandsloven-1974-1998/

[24] Danske Love. Lov om social service[EB/OL].2005-06-24[2021-08-18]. https://danskelove.dk/serviceloven

[25] Pflegestützpunkte Berlin. Die Wohnung anpassen[EB/OL]. [2018-11-09]. http://www.xn-pflegesttzpunkteberlin-zlc.de/

[26] HFW. Finanzierung von Maßnahmen der Wohnungsanpassung[EB/OL]. [2021-09-24]. https://www.birstein.de/eigene_dateien/gesellschaft-soziales/senioren/2015.02-19-infoblatt_finanzierung.pdf

[27] 曾鹏,李媛媛,李晋轩.日本住区适老化更新的演进机制与治理策略研究[J/OL].国际城市规划:1-17[2021-06-13]. https://doi.org/10.19830/j.upi.2020.107

[28] 郭禹婷,于一凡工作室.系列二适老化改造系列:日本经验[Z]. https://mp.weixin.qq.com/s/hmKhozHYBbjZv7TunHTzLA

[29] 索健,范悦,邱乐.当代日本既有住宅再生实践之观察[J].建筑学报,2012(08):104-108.

[30] WILSON K B. Historical evolution of assisted living in the United States,1979 to present[J]. The gerontologist, 2008(3):8-22.

[31] 郭禹婷,于一凡工作室.系列一适老化改造系列:欧美国家经验[Z]. https://mp.weixin.qq.com/s/URf3PhMkatC58-_aYkQYVQ

[32] 住房和城乡建设部标准定额司.老旧小区居家养老设施适老化改造研究:研究报告[R]. 2019.

[33] PROPOSALS USCHC on RTF on FSL. Federal spending limitation proposals: hearings before the task force on federal spending limitation proposals of the committee on rules, house of representatives, Nineth-Sixth Congress, second session[M]. U.S. Government Printing Office, 1980:524-525.

# 居家适老化改造的设计实施要点与建议

周燕珉　秦　岭

## 引言：居家适老化改造的背景与意义

居家养老是我国绝大多数老年人的现实选择，家庭环境是居家养老的重要空间载体。然而，调查数据显示，我国有2/3的老年人居住在建成时间超过20年的老旧住宅当中（图1），六成以上老年人住房存在"不适老"问题（图2），每年有超过2000万老年人在家中跌倒，给他们的居住生活品质造成了严重的影响[1]。随着人口老龄化进程的日益深化，为老年人实施居家适老化改造的需求已迫在眉睫。

图 1　我国60岁以上老年人住房的建成年代分布状况

数据来源：第四次全国老年人生活状况抽样调查

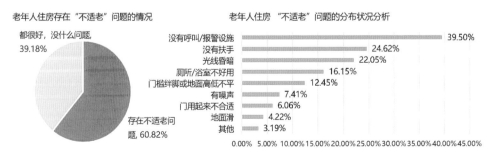

图 2　老年人住房"不适老"问题的存在情况和分布状况

数据来源：第四次全国老年人生活状况抽样调查

我国高度重视居家适老化改造工作，在"十二五"期间就开始普及相关理念，经历了"十三五"的试点探索，在"十四五"将迎来广泛实践的高峰期。"十四五"规划将"特殊困难家庭适老化改造"纳入"一老一小"服务项目，将支持200万户特殊困难高龄、失能、残疾老年人家庭实施适老化改造，配备辅助器具和防走失装置[2]。同时，将推动养老事业和养老产业协同发展，鼓励更多老年人家庭通过市场化渠道获取居家适老化改造服务[3]。

本书作为世界银行贷款"中国经济改革促进与能力加强技术援助项目"的研究成果，在研究过程中调研和收集了大量的居家适老化改造案例。研究发现，总体而言，目前我国的居家适老化改造还处在发展的初级阶段，方案设计较为粗糙，缺乏老年人视角下的设计考虑；缺乏配套的政策制度，服务规范性和体验感亟待改善，尚不能很好地达到支持老年人安全健康生活、减轻家庭照护负担的预期目的。针对这些问题，本文将主要从设计和实施两个层面对居家适老化改造的要点进行解析，并提出了建议，以期为提出我国居家适老化改造的未来发展提供参考。

## 居家适老化改造的设计要点解析

居家适老化改造对方案设计提出了较高的要求，为方便记忆，可将其总结为"四通一平""两多两匀""灵活适用"，其中可能并未包含全部的设计要点，但希望能够起到对相关从业人员的提示作用，避免出现基本的设计错误。

### 1.1 "四通一平"

居家适老化改造当中的"四通一平"指"视线通""声音通""路径通""空气通"和"地面平"[4]，其中：

"**视线通**"和"**声音通**"指改造设计应有助于加强老年人与照护者之间的视线和声音交流，以方便照护者及时观察和了解老年人的需求，并提供所需要的帮助。设计时可充分利用开敞式空间、门窗洞口、透明隔断、镜面反射、音视频呼叫系统等加强各功能空间之间的视线和声音联系（图3）[5]。

1 餐厅与其他空间有视线交流

2 隔墙上开窗，增加室内空间通透性

3 利用镜子的反射作用增加观察范围

4 起居室与其他空间视线通畅

图3 利用开敞空间、门窗洞口、透明隔断、镜面反射等方式各空间实现和声音联系的设计示例

"**路径通**"指改造设计应保证老年人通行路径的畅通，具体体现在以下三个层面。一是要及时清理位于老年人通行路径地面和两侧的杂物，以避免老年人在移动过程中出现绊倒、剐蹭或磕碰等意外事故（图4）。二是保证充足的通行宽度，特别是在老年人行走不便、需要他人搀扶或使用助行器械的时候，应留出通行、回转和辅助操作的空间。三是有条件时可创造回游动线，加强各功能空间之间的联系，方便老年人在家中活动（图5）[5]。

"**空气通**"指应注意促进室内空间的空气流通。在不破坏建筑结构的前提下，可通过调整门窗位置和开启面积，合理安排自然通风流线，创造对流通风的条件，改善室内通风效果（图6）。

过道堆满家具杂物，交通路线窄　　　　　　过道宽度充足、路线畅通无障碍物

图4　通行路径的正误对比

起居室、厨房与阳台之间　　　　　　老人卧室与起居室、阳台之间
缩短家务流线　　　　　　加强采光

 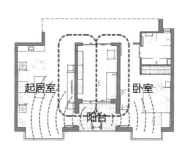

走廊空间　　　　　　阳台与相邻其他空间之间
加强通风和视线联系　　　　　　加强声音联系

图5　住宅户型中常见的回游动线设计案例

套型虽为南北通透，但门窗洞口
开设方式影响了通风的顺畅

改变门窗洞口位置，打通自然风
流线，使通风流线畅通

图6　同一套型不同门洞开启位置的通风效果对比[5]

　　"**地面平**"指改造时应尽可能消除或妥善处理地面高差。在老年人的居家环境当中，高差主要以门槛、过门石或台阶踏步的形式出现在卫生间、厨房、阳台、入户门的门口以及不同铺装材料的交接处（图7）。改造时可通过优化干湿分区、合理组织地面排水和将门槛嵌入地面等方式消除高差（图8）。对于难以消除的高差，可通过设置坡道或段差消加以处理，或设置明显标识，以提示老年人注意（图9）[4]。

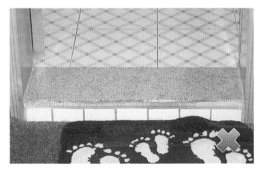

图7　卫生间与过道间设有门槛　　　　　　图8　消除过门石高差，实现水平进出

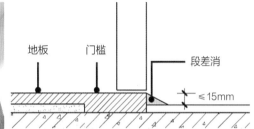

图9　通过段差消处理门槛高差的设计示例

## 1.2 "两多两匀"

居家适老化改造当中的"两多两匀"指"储藏多""台面多""光线匀""温度匀",其中:

**"储藏多"**指老年人家中的储藏空间应分类明晰、储量充足。老年人的家中通常会积累较多的物品,容易出现因物品杂乱堆放而影响通行和使用的情况。因此在改造设计时应注意帮助和引导老年人家庭合理规划和利用储藏空间,提高储藏效率,避免物品侵占其他功能空间(图10)[6]。

图 10 老年人住房储藏空间分布示例

**"台面多"**指尽可能多为老年人设置一些置物台面。一方面,可供老年人将常用物品放置在容易看到和取放的位置,便于寻找和随手取用。另一方面,高度适宜的置物台面还可兼作扶手,在老年人移动和弯腰时起到撑扶和保持身体平衡的作用(图11)[6]。

柜子中部台面可用于置物          柜子上部提供台面供老人撑扶

图 11 设置台面供老年人置物和撑扶的设计示例

**"光线匀"**指的是老年人住房的自然采光和人工照明条件应保证室内空间明亮且照度均匀,避免产生阴影与眩光。改造时,可利用玻璃的透射、镜面或墙面的反射改善户型中部空间的自然采光状况(图12)[5],通过整体照明与局部重点照明相结合的方式改善具体位置的人工照明条件(图13)[7]。

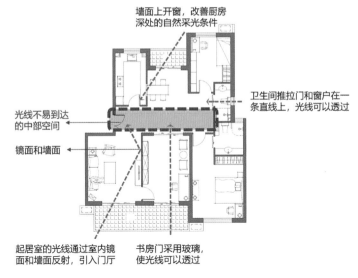

墙面上开窗，改善厨房
深处的自然采光条件

卫生间推拉门和窗户在一
条直线上，光线可以透过

光线不易到达
的中部空间

镜面和墙面

起居室的光线通过室内镜
面和墙面反射，引入门厅

书房门采用玻璃，
使光线可以透过

图 12　将自然光线引入户型内侧的方法

老人日常吃药、剪指甲、阅读小字时，仅依
靠顶部照明往往难以看清

设置台灯、落地灯等局部照明灯具，以方
便老人进行操作

图 13　照明灯具布置的正误对比

　　"**温度匀**"指的是应将老年人住房的温度保持在舒适范围内，并在各个空间均匀分布。老年人对室内环境的舒适度要求较高，特别是对温度变化较为敏感，因此在设计中应重点避免出现空调直吹老人、床头紧邻外窗等情况（图14、图15）[7]。卫生间内宜设置浴霸或暖风机，以保证老年人更衣和洗浴过程中的室内环境的舒适性。

## 1.3　灵活适用

　　居家适老化改造的"灵活适用"主要体现在家具设备选型和功能空间布置层面。

　　在家具设备选型方面，为方便老年人使用，应选取便于操作的开关面板、门把手、水龙头和柜门拉手形式（图16），将储藏空间、开关插座、门窗把手等设置在老年人易于操作的高度范围内。因地

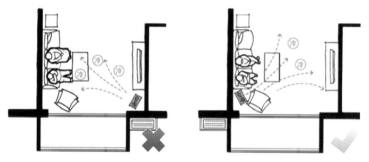

图 14　起居室内空调室内机位置选择的正误对比

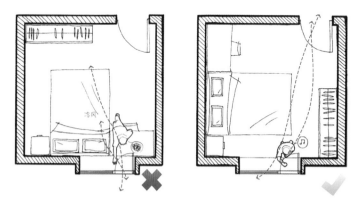

图 15　老人卧室内床与窗户位置关系的正误对比

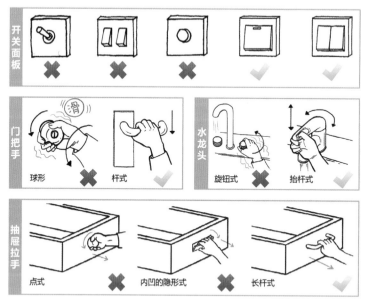

图 16　常见开关面板、门把手、水龙头和抽屉拉手形式的正误对比

制宜、因人而异地配置安全辅助设施，以扶手为例，除了安装专用扶手之外，还可灵活利用台面、柜体、床尾板等家具构件起到扶手的作用（图17），以避免辅助器具的过度使用给老年人带来机构化的不适感受[7]。

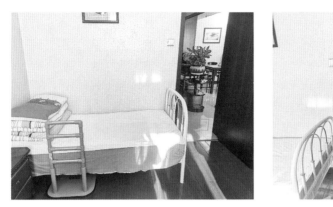

图 17 利用床尾兼作扶手的设计示例

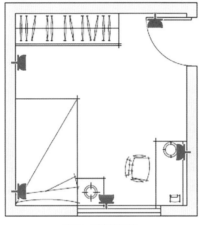

床位一侧靠墙摆放

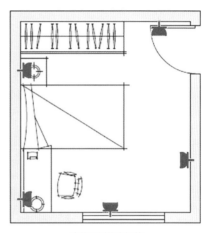

床位两侧临空摆放

图18 老人卧室内插座点位的布置应考虑房间家具布置的多种可能性

在功能空间布置层面，为创造更大的灵活性，不建议过多使用固定式的家具，可适度采用小型化、轻便化、可组合拼接的家具，以满足老人根据自身需要调整家具位置和空间布局的需求。居室当中的开关插座点位布置也应考虑到多种空间布局形式的可能性，兼顾不同情况下的使用需求（图18）[8]。

## ② 居家适老化改造的实施要点解析

居家适老化改造的组织实施与方案设计同等重要，结合实践反馈，在此重点强调以下两个要点。

目前，政府有关部门和施工团队对于居家适老化改造工作的组织实施尚缺乏足够重视，导致实施过程中出现诸多问题。实际上，改造的组织实施与方案设计同等重要，结合实践反馈，这里重点强调以下两个要点。

## 2.1 围绕老年人家庭的核心困难提供解决方案

通常情况下，老年人家庭在实施适老化改造时，往往会受到来自身体状况、建筑结构、技术手段、安置条件等多方面因素的限制，很难做到"面面俱到""尽善尽美"。在这种情况下，应抓住主要矛盾，围绕老年人的核心困难提供最为直接有效的解决方案，哪怕无法实现最理想的改造效果，只要能够让老年人的使用状况得到最大程度的改善，退而求其次的解决方案也是非常有意义的。

例如图19所示案例中，卫生间内外有一步高差，老年人出入不便且存在安全隐患。虽然消除这一高差在技术上具有可行性，但考虑到老年人身体较为虚弱，改造期间无法离家，且不希望大动干戈，因此在改造中并没有直接消除高差，而是在维持现状的基础上，在卫生间入口内外侧的墙面上分别安装了竖向扶手，以方便老年人在出入卫生间时抓握，避免因重心不稳而跌倒。这样既不会因为改造施工影响老年人的正常生活，又保证了老年人的安全。

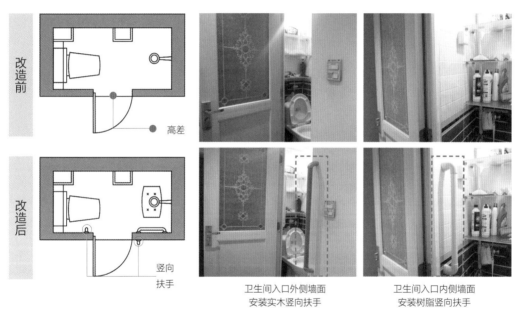

卫生间入口外侧墙面
安装实木竖向扶手

卫生间入口内侧墙面
安装树脂竖向扶手

图19 卫生间入口内外改造前后对比

## 2.2 减少改造施工对老年人家庭的影响

与一般的家庭装修不同，居家适老化改造常常需要在有老年人居住的情况下进行，因此特别需要注意减少改造施工对老年人家庭的影响。

在施工作业的组织方面，应尽可能集中、紧凑、合理地安排各项改造施工工作，在保证施工质量的前提下缩短项目工期、减少上门次数，避免反复打扰老年人家庭的日常生活。

在改造策略的选择方面，应尽可能采用简便易行的工艺工法，更多通过设施设备成品的安装和模块化、装配式构件的组合来实施改造，避免使用对建筑硬装具有破坏性作用的改造施工方式，从而提高施工效率。

改造施工期间，应保证老年人家庭得到妥善安置，需要关注的重点内容包括：将老年人的临时安置空间与改造施工区域分隔开来，以避免老年人接近存在安全隐患的施工区域；设置吸尘器、排风扇等必要的设备，以及时处理改造施工过程中产生的粉尘等污染物；对于设有两个卫生间的住宅户型，可通过交替施工的方式满足改造期间的使用需求等（图20）。

使用塑料布分隔施工区域与临时生活空间　　利用防尘帘、排风扇和吸尘器来阻挡和吸收施工过程中产生的灰尘

图20　老年人家庭改造施工期间使用的安置措施示例

## 3　推动居家适老化改造工作的建议

为进一步推动居家适老化改造工作的顺利展开，结合对国内现状的调研和国际先进经验的借鉴，提出以下建议。

### 3.1　构建完善的服务支持体系

居家适老化改造服务是一项系统性工程，需要来自政策、制度、资金、人才、技术、社会和机制等各方面的支持，才能够保证相关工作的高质量开展（图21）。现阶段，我国的居家适老化改造服务尚处于发展的初级阶段，对照发达国家的经验做法，还有待从多方面入手开展工作，构建和完善相应的服务支持体系。例如，在政策层面进行顶层设计、制定行动路线、引导工作方向；在制度层面规范行业和市场行为；在资金层面提供多渠道、可持续的保障；在人才层面培养充足的专业服务力量；在技术层面研发针对性的改造措施；在社会层面创造良好的环境基础；在机制层面统筹协调相关资源、维持复杂系统的持续稳定运行[9]。

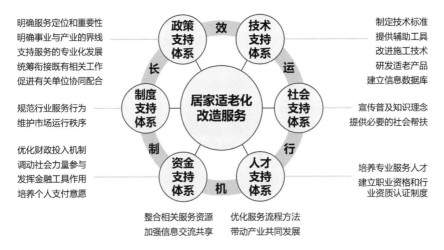

图 21　居家适老化改造的服务支持体系构想

## 3.2　培养具备综合素质的专业人才

作为一项兼具综合性和专业性的居家养老服务，居家适老化改造涉及的专业领域较为复杂，需要具备综合素质的专业人才在相关工作当中发挥主导作用。在这方面，建议借鉴日本的经验做法，建立类似"福利居住环境协调员"这样的专门职业，并设立相关的职业资格认证制度，依托行业协会等社会组织，培养以改善老年人居住生活环境为目标，负责协调建筑、医疗、护理、福利和行政等各领域专业领域工作人员的综合型人才，以起到促进专业间交流协作、提升服务质量和效率的积极作用。

# 结语

居家适老化改造是目前我国养老服务体系当中最为重要也最为薄弱的环节之一，"十四五"期间将进入广泛实践阶段，其实施效果关乎广大老年人群体居家养老的健康福祉。因此，亟须抓住当下这一关键时期，一方面持续构建和完善相关的服务支持体系，另一方面在实践中不断提高服务水平，从而最大限度地发挥这项工作的社会经济效益。

**图片来源：**

1. 图19中的照片由北京安馨在家健康科技有限公司提供。
2. 图20左图来自https：//www.gov.sg/article/5-things-to-know-if-your-home-is-undergoing-hip，右图来自https：// www.hdb.gov.sg/cs/infoweb/residential/living-in-an-hdb-flat/sers-and-upgrading-programmes/upgrading- programmes/types/home-improvement-programme-hip.
3. 其余图片均为清华大学建筑学院周燕珉工作室拍摄和绘制。

**参考文献：**

[1]　周燕珉，秦岭.中国老年人居住环境特征及适老宜居设计对策研究报告[M]//全国老龄工作委员会办公室.第四次中国城乡老年人生活状况抽样调查数据开发课题研究报告汇编.北京：华龄出版社，2018：201-265.

[2]　中华人民共和国国民经济和社会发展第十四个五年规划和2035年远景目标纲要[EB/OL].（2021-03-12）[2021-09-15]. http：//www.gov.cn/xinwen/2021-03/13/content_5592681.htm

[3]　民政部，等.关于加快实施老年人居家适老化改造工程的指导意见[EB/OL].（2021-07-10）[2021-09-15]. http：//www.gov.cn/zhengce/zhengceku/2020-07/16/content_5527260.htm.

[4]　秦岭.住宅的适老化改造[M]//全国老龄工作委员会办公室.老年宜居环境知识普及读本.北京：华龄出版社，2018：52-75.

[5]　周燕珉，程晓青，林菊英，林婧怡.老年住宅[M].2版.北京：中国建筑工业出版社，2018.

[6]　周燕珉.老人·家[M].北京：中国建筑工业出版社，2012.

[7]　周燕珉，马笑笑.漫画老年家装[M].北京：中国建筑工业出版社，2017.

[8]　周燕珉，李广龙.适老家装图集：从9个原则到60条要点[M].北京：中国建筑工业出版社、华龄出版社，2018.

[9]　秦岭.居家适老化改造的实践框架与方法研究[D].北京：清华大学，2021.

# 老旧住宅加装电梯的改造策略探析

程晓喜　刘嘉琪　秦　朝

随着近年来我国人口老龄化的加剧，城市老旧社区中老年人上下楼不便的问题日益凸显，老旧住宅加装电梯的需求十分迫切。20世纪70—90年代我国建设的大批经济适用型住宅在当下的城市住宅中仍占有很大比重。在当时的福利住房制度引导和社会经济水平限制下，绝大部分多层和小高层住宅都未配备电梯。几十年过去，这些住宅中居住的居民逐渐转变为老龄人口，上下楼困难严重影响了这部分老年人的居住和生活质量，加装电梯需求迫切。

同时，我国城市建设正处于从增量建设向存量更新转型的阶段，既有多层住宅加装电梯也成为其可持续发展的重要方式之一。因而近年来各地政府给出了多种鼓励措施，大力推进既有住宅加梯工作。但实际加梯总体进展缓慢。一方面，加梯受到采光、消防、改管、施工等方面的影响，存在技术上的实施困难；加梯方案多为针对具体情况的个例设计，且缺少适用电梯品类及配套部品，存在加梯方案的推广困难。另一方面，因居民意见统一难、资金筹措难、责任主体不明晰，也存在社会学意义上的协商困难等。本文着重从技术层面问题展开研究，探讨既有住宅增设适老电梯的可行性，试图找到具有一定普适性的解决方案，为居家养老政策的落实提供技术层面的保障。

## 引言：老旧住宅加装电梯的背景与意义

上下楼难，是我国城市老人生活中的痛点之一。

多层和小高层住宅是我国城市中常见的住宅类型。大量建于20世纪70—90年代的多层和小高层住宅，出于当时的社会经济条件限制，并未配建电梯。这类情况，北方多为5~7层，南方常见8~9层，在山地城市中甚至可能出现上下十几层住宅无电梯的情况。随着近年来我国人口老龄化的加剧，居家养老成为老龄社会运转的基本保障。但大量老旧小区中，既有住宅没有电梯的事实，大大限制了居民，特别是老年人的日常活动，极大地影响了老年人生活品质。既有住宅加装电梯的工作日益受到各界重视。

从2017年起，各地政府给出多种鼓励措施，大力推广加梯，很多建设企业和电梯企业也积极投身其中。但加梯工作仍遇到了各种困难，实际加梯进展不尽如人意。既有住宅增设电梯的困难一方面来自社会层面的因素，如资金筹措的问题、实施主体的问题、居民意见难以统一的问题等；另一方面则来自技术层面的因素。加电梯不像买普通电器那般简单，而是涉及既有住宅改造、采光、消防、管线、施工等多方面因素的制约。从技术角度分析，并非所有的多层住宅都具备加装电梯的条件，需在现场踏勘后根据住宅现状及相关条件做出可行性评价。同时因为既有住宅几乎各个不同——单元平面不同、环境条件不同，经过几十年的使用，维护、改造的情况也都不同。目前已经实施的加梯方案大多是针对具体情况的个案设计，缺少适用电梯品类及配套部品，因而难以推广。

本文重点研究限制加梯的技术性因素。从单元平面布局、楼梯间要素、宅前外部空间、住区规划组织、楼栋结构要素等方面梳理既有多层住宅增设电梯的制约因素，以提高后续普适方案设计的可行性。

## 对老旧住宅加梯限制条件的调研

为了研究老旧住宅加梯的技术制约条件，了解全国既有住宅的普遍性问题，为加梯的普适性方案和量产型产品提供依据，通过线上线下两种方式开展了对既有住宅的调研。调研以20世纪70—90年代既有多层住宅为主要对象，主要调查内容包括建筑层数、单层户数、平面布局、楼梯间类型和朝向。线上调研城市包括北京、济南、上海、南京、杭州、武汉、长沙、重庆、成都、广州、厦门，共11个，选取规模较大、信誉度较高、房屋资源丰富的房屋中介网站为样本库，收集有效样本3491份。这些样本分布于我国华北、华东、华中、华南和西南地区，也覆盖了不同建筑气候分区。所选城市的政治、经济水平较高，人口数量较多且现存既有多层住宅数量大，具有较强的取样价值。

实地调研以楼栋为样本单位，抽样选取北京市四个城区20世纪70—90年代既有多层住宅小区进行调研，共收集样本66份。实地调研主要对线上调研难以收集的信息进行实地测取，调查内容包括阳台位置、楼梯间相邻室内功能、楼梯间内部净宽、楼梯间外部条件等。通过调研发现了以下有代表性的结论。

### 1.1 常见平面布局中一梯三户占比高

既有多层住宅以平面户数分类可分为一梯一户、一梯二户、一梯三户、一梯四户等。调研结果显示总样本中单层户数为一梯三户及以上占比59.9%（表1、图1）。

| 单层户数频数分析 | | | 表1 |
| --- | --- | --- | --- |
| 名称 | 选项 | 频数 | 百分比/% |
| 单层户数 | 一梯一户 | 17 | 0.49 |
| | 一梯两户 | 1366 | 39.13 |
| | 一梯三户 | 1075 | 30.79 |
| | 一梯四户 | 616 | 17.65 |
| | 一梯四户以上 | 417 | 11.95 |
| 合计 | | 3491 | 100 |

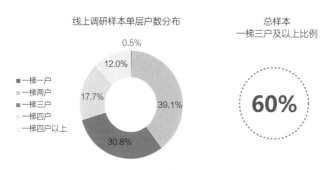

图1 线上调研样本单层住户分布

将样本按建成年代分别统计单层户数分布情况，可知一梯两户户型比例逐渐增高，是90年代主要户型。一梯三户户型比例逐渐下降，是七八十年代的主要户型。

将样本按城市分别统计单层户数分布情况，可知北京、上海、广州一梯三户以上的比例均较高，其中上海、广州主要为一梯四户及以上户型。其他城市中，济南、杭州、重庆一梯三户及以上的比例较高，南京、武汉、长沙、成都、厦门一梯两户比例较高，或与不同地区政策相关。将北京、上海、广州三个城市样本单层户数情况按年代展开可知，一梯三户在各年代比例均较高，北京、上海一梯三户比例随年代增长呈下降趋势，广州则呈上升趋势。

一梯三户的单元如不增设较大体量的连廊，很难实现平层加梯；而增建大体量连廊不仅经济投入大，对周边场地的要求也更多。这可能是目前加梯政策难以推广的主要原因。

## 1.2 双跑楼梯间单元占主体

多层住宅平面有多种分类方式，其中与加梯密切相关的是交通组织方式。规范规定，增设电梯与公共楼梯间不相连时，需要设置符合要求的电梯紧急救援通道（如在公共平台楼板上沿楼层交错设置竖向逃生救援通道，通道上设置不锈钢盖板，盖板下放折叠逃生梯）。因此现状楼梯间的位置、形式是加梯设计中特别需要关注的问题。梯间式和廊式是最常见的交通组织方式，采用的楼梯形式又可分为单跑、双跑、三跑。由于双跑楼梯较为节省面积、构造简单、施工便捷，被广泛采用。

梯间式主要以双跑楼梯间为公共交通核心连接各户，其中连续单元在山墙面可连续布置多个单元，主要户型为一梯两户、一梯三户，是最为常见的多层住宅形式；独立单元单独存在，常为一梯多户；天井单元既可能是连续单元，也可能是独立单元，由于其加梯的特殊性将其单独列出。廊式多层住宅以廊道和楼梯为公共交通组织方式，有内廊式、长外廊式、短外廊式，楼梯形式单跑、双跑情况均较常见。根据楼梯位置的不同，又可分为外凸楼梯、内楼梯、单跑横楼梯、直上式等。早期工业化施工中为简化结构，常采用外凸楼梯。内楼梯便于防火和疏散，且节约用地，应用较广。横楼梯和直上式较为少见（图2）。

本研究根据双跑楼梯外墙与楼体的关系，将楼梯间分为四类：平齐、突出、凹进、特殊。其中特殊型包括除前三种外的所有其他类型楼梯间。通过调研可得各类型楼梯间存量比例（图3）。

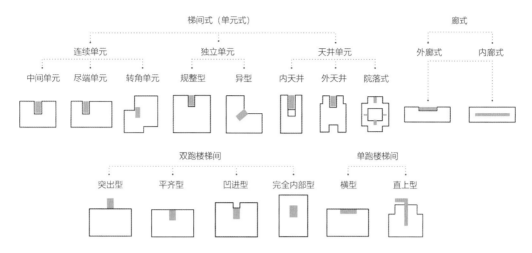

图2 既有住宅单元常见交通组织方式类型

平齐型　　　　　　　突出型　　　　　　　凹进型　　　　　　　特殊型

图3 双跑楼梯外墙与楼体关系分类示意

由分析结果可知，平齐型、突出型、凹进型三类双跑楼梯间案例占比95.8%，说明大多数既有多层住宅为双跑楼梯间单元，其他楼梯间类型多层住宅存量较少。平齐型和突出型楼梯间合计占比70%（表2，图4）。

**楼梯间类型频数统计表**　　　　　　　　　　　　　表2

| 频数分析结果 | | | |
| --- | --- | --- | --- |
| 名称 | 选项 | 频数 | 百分比（%） |
| 楼梯间类型 | 平齐 | 1815 | 51.99 |
| | 突出 | 644 | 18.45 |
| | 凹进 | 884 | 25.32 |
| | 特殊 | 148 | 4.24 |
| 合计 | | 3491 | 100 |

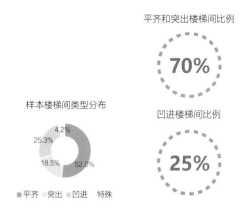

图4 楼梯间类型分布图

各城市因不同气候条件，楼梯间类型比例具有一定的差异性。整体上平齐型是调研三个气候区案例主要楼梯间类型。此外，夏热冬冷地区突出型楼梯间占比较大，夏热冬暖地区凹进型占比较大。夏热冬冷地区中，偏西部城市凹进型楼梯间比例较大，偏东部城市突出型楼梯间比例较大（图5）。

图5 不同气候区楼梯间类型分布图

增设电梯结合原有楼梯间设计，能最大限度地减小施工范围，减少对居民私人空间的干扰。对占绝大多数的双跑楼梯间开展研究，可以提供相对普适的加梯方案。

## 1.3 宅前外部空间对加梯尺寸的限制要求

加梯形式、位置、尺寸以及施工方法还会受到住宅外围环境限制。调查现实，一般情况下，多层住宅南侧外部空间为保证居室内私密性，常设置绿化，道路一般是人行道，较少为车行道；北侧楼梯间外常为单元入口，设置车行道和人行道。主要的地下管线也多在北侧。加梯前需要对包括周边道路类型、绿化、构筑物、地下管网、检修井位置等进行现场查勘。

其中，电梯占压管线和道路是加建电梯时较大的难题。移改管线费用高、延长工期，对居民生活影响大。因此电梯位置应尽量避开管线。

老旧小区道路宽度较窄，车位和绿化等使得原有道路更加拥挤。《城市综合交通体系规划标准》GB/T 51328—2018规定，人行道路宽度不得小于2m，若宅前现状为人行道路，增设电梯后应满足人行道最小宽度要求；若宅前现状为车行道路，增设电梯后应满足《建筑设计防火规范》GB 50016—2014（2018年版）中消防车道净宽度不得小于4m的规定。此外，《城市居住区规划设计标准》GB 50180—2018中规定组团道路及宅间小路距离构筑物距离应大于2m。当原小区道路宽度不符合规范要求时，因加装电梯需要改道时，改道后的道路宽度不得小于原道路宽度。电梯首层开门不宜紧邻车行道，若紧邻车行道，应设护栏等安全防护措施（图6）。

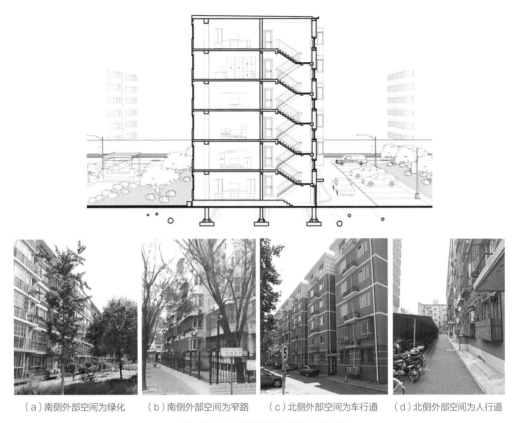

（a）南侧外部空间为绿化　　（b）南侧外部空间为窄路　　（c）北侧外部空间为车行道　　（d）北侧外部空间为人行道

图6　既有多层住宅外部空间常见类型示例

## 2 现有常见多层住宅加梯方案解析

综合前面的调研结果，不难解释现有多种多样的加梯方案。既有住宅中少量存在的通廊式住宅（内廊或外廊）通常比较容易在通廊中找到加设电梯的合理位置，是相对好解决加梯问题的住宅类型。但这种类型只占存量住宅总数的不足5%。

绝大多数的多层住宅为单元式（调研中双跑楼梯间单元式住宅案例占比95.8%），因每个单元住户有限，分摊成本较高。早期曾出现过以楼栋为单位，加装一组电梯后，通过大连廊连接各单元的案例。这种方式不仅新加建面积大，成本高，挑战规划控制指标；加建出的公共连廊也遮挡了原有住房的采光、通风，一定程度上劣化了居住条件，使用起来问题很多。后期则常以单元为单位，每个单元加装一部电梯。本文重点研究单元加装电梯的可能性。

因单元内部极少有具备加装电梯的条件（只有部分内天井式住宅可行），目前常见的加梯方式主要是加装外挂式电梯。单元外部增设电梯又可分为平层与错层两大类（图7）。

## 2.1 平层加建电梯适用范围小

平层加梯电梯停靠在入户层，可实现完全无障碍，受到人们的普遍欢迎。常见的加梯方式一种是对一梯两户的单元，通过在南侧利用原有阳台等加建小面积的候梯平台，连接梯井。这种方式无法用一部电梯满足一梯三户及以上的情况（调研可知，一梯三户及以上的单元占到近60%）。同时因为与公共楼梯间不相连，根据相关规范需要设置符合要求的电梯紧急救援通道（如在公共平台楼板上沿楼层交错设置竖向逃生救援通道，通道上设置不锈钢盖板，盖板下放折叠逃生梯），措施复杂。对绝大多数楼梯间和单元出入口在北侧的楼栋，由于要新设一套公共通道，对一层住户打扰很多，新加井道也对两侧住户采光有一定的遮挡，往往受到低层住户反对。南侧加梯会完全改变楼栋南侧的公共空间环境，往往需要结合居住小区的整体更新进行操作。

另一种方式是在单元北侧通过较大面积的连廊实现平层加梯。由于加建工程占地面积大，对周边环境影响较大，往往要还涉及更改地下管线、地面道路、绿化等，施工工期长，经济代价大。对住户来说，平层加梯和室内的连接往往不能通过原有的入户门而需另辟蹊径，对原户型使用方式改动大。这用于大户型尚可接受，用于小户型则带来颇多麻烦。另外，首层住户受到外部庞大构筑物和施工过程的双重干扰，利益受损较多，往往对加梯的反对意见也会增多。同时，北侧加建平层电梯，梯井高度较屋顶会高出半层，连廊的存在实际缩小了与北侧相邻建筑物的距离，北侧相邻建筑物采光、日照受到的影响也比较大。因此，目前平层加梯常见于干休所等公属房产小区，在普通小区的实施推广非常困难。

## 2.2 错层加建电梯可行性较高

相比平层加梯，利用楼梯间半层位置加建电梯井道的错层加梯是迫不得已的加梯方式，但也是相对普遍适用的解决方案，可以适用于超过70%的既有多层住宅。为了不影响首层单元入口的通行宽度，目前常见的方式是通过增设连廊连接梯井和楼梯间半层平台，连廊首层不影响单元入口。但是这种方式仍然占地较大，对住宅北侧用地要求较高，同样面临更改地下管线、地面道路、绿化等问题。相比之下，不采用连廊连接，而直接将井道贴建在楼梯间外墙的做法，对外部环境干扰最小，适用性更强，但也对楼梯间形式、净宽，以及加建电梯的梯井尺寸提出了更高的要求。

## 3 贴建式错层加梯方案的小型化要求

贴建式错层加梯适用范围广，对周边环境影响小，可以不改或少改地下管线，有利于控制施工工期，减小加梯期间对居民生活的干扰。如能明确相对固定的尺寸数据，制成相对定型的普适化产品，可大大降低加梯工作的推广难度。本节即研究贴建式错层加梯的各种限制要素。

采用错层加梯方式时，电梯与公共楼梯间外墙连接，占用一部分既有楼梯间的外墙面，现有首层单元门、楼梯间窗均需移位。根据《建筑设计防火规范》GB 50016—2014（2018年版），楼梯间、电梯厅、连廊的可开启外窗或开口部分与住户外窗之间的间距不应小于1m。

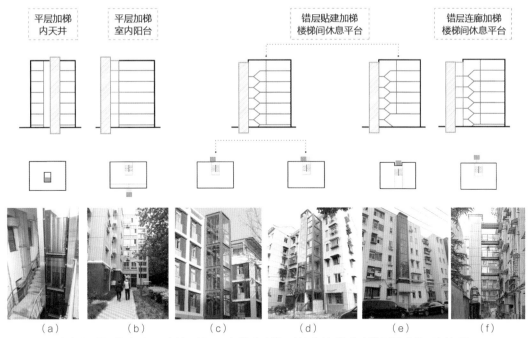

（a）内天井加梯；（b）平层南侧阳台加面积加梯；（c）错层直接贴建加梯；（d）错层增设电梯厅贴建加梯；
（e）错层利用楼体凹进部分加梯；（f）错层增设连廊加梯

图7 现有常见加梯方式

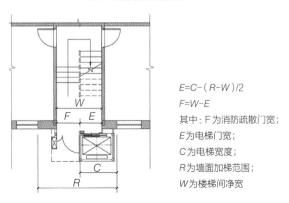

$E=C-(R-W)/2$

$F=W-E$

其中：$F$ 为消防疏散门宽；

$E$ 为电梯门宽；

$C$ 为电梯宽度；

$R$ 为墙面加梯范围；

$W$ 为楼梯间净宽

图8 与楼梯间外墙平行方向制约要素示意图

　　此外，加梯不应降低原楼梯间的消防疏散条件和排烟条件，首层单元门即疏散外门的净宽度不应小于1.1m。因此，电梯与楼体相接界面的尺寸设计，即电梯宽度（与楼梯间外墙平行方向）受到消防条件限制（图8）。与楼梯间外墙平行方向限制条件错层贴建电梯一般位于公共楼梯间外墙偏向一侧，一般不设单独电梯厅，直接停靠在楼梯间休息平台。电梯宽度受限于楼梯间内部净宽与墙面加梯范围，即楼梯间两侧居室窗间的墙面距离。贴建加梯需拆改楼梯间外墙，楼梯间净宽在保留消防通道宽度基础上，需满足电梯门设计宽度要求，一般为0.7~0.8m。楼梯间内墙至临近一侧居室窗间墙面距离需满足除去电梯门宽度后余下的电梯宽度方可实现错层加梯，如图9、图10所示。

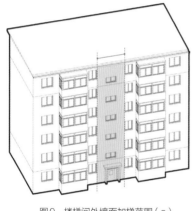

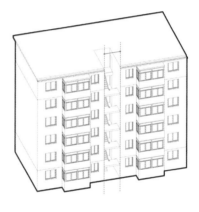

图9　楼梯间外墙面加梯范围（a）　　　　　　　图10　楼梯间内部净宽度（b）

　　调研得知平齐型、突出型、凹进型楼梯间墙面加梯范围平均值分别为3.6m、3.7m、2.1m。凹进型楼梯间相较另两种楼梯间，其墙面加梯范围明显较小。当前技术条件允许较小电梯宽度以1.8m为标准，无法满足凹进型楼梯间错层贴建加梯要求，应考虑错层连廊加梯，单元双向出口情况可利用凹进一侧贴建加梯。

　　当采用在楼梯间错层贴建方式加梯时，平齐、突出两类楼梯间样本中62.3%的样本在满足消防条件要求（$F$不小于1.1m）时，可满足楼梯间余下部分宽度设置电梯门宽度不小于0.7m的要求。不满足此条件的样本占比37.7%，应考虑错层连廊加梯的方式。

　　实际情况下，既有住宅外墙面常有壁柱或通信线等杂物，特别是楼梯间是公共线路入户的主要空间，历次改造的痕迹最为明显。电梯一般无法直接贴建于楼梯间外墙。通过实地调研对平齐型楼梯间外墙面障碍物统计结果可知，有36%平齐型楼梯间外墙面存在壁柱，完全贴建实施难度较大，多为150~300mm的间隙。因此，贴建加梯电梯井道面与楼梯间外墙面脱开300mm左右的间距，一般可以规避壁柱，并使墙面乱线穿过，给施工也可以带来一定调整误差的空间（图11）。

（a）壁柱及墙面排烟道　　　　　　（b）楼梯间外墙面乱线　　　　　　（c）楼梯间外墙面管道

图11　楼梯间外墙面障碍物示例

调研结果证明，在北侧楼梯外墙贴建"小型化"电梯可以针对性地缓解调研中发现的矛盾和问题，适用于绝大多数既有住宅加梯改造场景：小体量电梯对底层住户的遮挡少，对底层住户更友好，更容易获得底层住户的认同；小型加梯方案对客观条件的适应性更强，适用于更多楼栋；小型化的施工对公共空间占用更少，可以通过使用预制构件减少施工工期和噪声干扰；小型化加梯可以避开地下管线和楼前道路绿化，极大减少前期改造工程的成本（图12）。

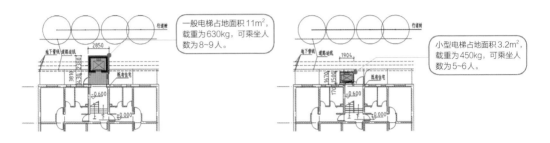

图12 "小型化"贴建式加梯与传统连廊式加梯占地面积对比

受到井道绝对尺寸限制，"小型化"贴建加梯轿厢一般选用450kg电梯，容纳5~6人。虽然不能承担担架电梯的功用，但相对于单元式住宅每单元人数，日常使用已足够。

# 结语

"小型化"贴建式加梯模式适用范围广，能满足绝大多数既有住宅的加梯环境要求。它采用标准做法，部件固定，施工便捷，把加装过程对居民的影响减到最小。完成后的梯井体量轻盈，对周边环境影响小，对首层住户干扰少，从而能够最大限度化解居民矛盾，促进达成共识，从而推进加梯工作的实际进展。

当采用错层加建电梯时，尽管不能实现完全的无障碍，却也同样能大大减轻老年人日常上下楼的负担，增加老年人下楼参与社会生活的机会，改善老年人的身心健康状况，从而大大提升居民的幸福感。

"小型化"贴建式加梯模式的推广将为我国既有多层住宅加装电梯工作有效助力，为居家养老政策的落实提供保障。

**图片来源**

图1~图12均自十三五重点研发计划课题"既有居住建筑电梯增设与更新改造关键技术研究与示范"（课题编号：2017 YFC 0702906）。图1~图11绘制：刘嘉琪；图12绘制：秦朝。

## 参考文献

[1] 刘嘉琪，张弘，王丽方，朱宁.既有多层住宅电梯增设限制条件实态调查[J].住区，2020（Z1）：204-212.

[2] 衣洪建，胡颢，王丽方，张弘，程晓喜.一种小型化错层贴建加梯设计方法[J].工程抗震与加固改造，2021，43（01）：154-158+166.

[3] 刘嘉琪.既有多层住宅增设电梯适应性改造策略研究[D].北京：清华大学，2020.

[4] 秦朝.既有住宅小型化电梯加装设计：以北京石景山项目为例[D].北京：清华大学，2020.

[5] 清华大学建筑学院，建研（北京）抗震工程结构设计事务所有限公司.既有住宅贴建小型化适老电梯设计图集[M].中国建筑工业出版社，2021.

# 北京市社区养老服务设施的现状分析与改造设计策略

程晓青　李世熠　李佳楠

## 引言

社区养老服务设施立足于社区，为周边的老年人提供日间生活照料和托养入住服务，亦可提供入户服务，是居家养老不可或缺的服务设施。由于在以往的城市居住区规划中，并未设置社区养老服务设施的要求，所以在近年来的居家养老体系建设中，很多城市都是通过对原有用房进行功能转换和环境适老化改造建设社区养老服务设施。本文以北京市为例，探讨社区养老服务设施建设与改造。

近年来，北京市老年人口数量高速增长。据统计，截至2019年末，北京市60岁及以上户籍老年人口数达371.1万人，占总人口数的26.5%[1]。日益严峻的老龄化形势对养老服务的需求日趋迫切[1]，自2015年北京市发布《北京市居家养老服务条例》以来，相继推出开展养老照料中心与社区养老服务驿站建设的指导意见[2]，发布支持居家养老服务发展的"养十条"[3]，居家和社区养老的概念逐步深化，社区养老服务设施得到快速发展[2]。

"十三五"期间，社区养老服务设施的服务对象、服务内容逐渐明确。在《城市居住区规划设计标准》GB 50180—2018中，将其确定为五分钟生活圈中的居住配套设施；其服务对象为能力完好和轻、中度失能（含认知症）的老年人[4]；其服务内容以老年人日间生活照料为主、兼顾托养入住，前者包括在设施中的服务和对外服务，后者包括长、短期托养入住服务；其室内空间包括老年人生活空间、后勤服务空间，室外空间包括老年人活动场地、后勤服务场地和交通场地。在设施设计中应符合老年人生理、心理和行为特点，并满足老年人和运营服务的需要，体现安全、健康、便捷、可持续、具有地域特色的理念。

本研究团队长期关注北京市社区养老服务设施发展建设状况，2016年受邀参与了北京市民政局开展的居家养老相关服务设施普查（以下简称"2016年普查"），对全市养老服务资源进行全面摸底，并出版了《北京市养老设施建筑环境分析》[3]，此后仍持续关注本领域的发展建设，调研走访了大量社区养老服务设施，本文即是基于上述成果开展的研究分析。

---

1　数据来源：《北京统计年鉴2020》http://nj.tjj.beijing.gov.cn/nj/main/2020-tjnj/zk/indexch.htm

2　2015年发布的《北京市民政局、北京市老龄工作委员会办公室关于依托养老照料中心开展社区居家养老服务的指导意见》和2016年发布的《社区养老服务驿站设施设计和服务标准（试行）》。

3　2016年发布《支持居家养老服务发展十条政策》(简称"养十条")。

4　在《老年人照料设施建筑设计标准》JGJ 450—2018中，老年人日间照料设施应服务能力完好老年人、轻度失能、中度失能老年人。

# 1 北京市社区养老服务设施发展状况分析

## 1.1 设施总量增长迅速，类型日趋规范

　　根据2016年普查结果，当时北京市共有街道（乡镇）和社区（村）层面的社区养老服务设施4104个，其中街道（乡镇）级495个，社区（村）级3609个。67.3%的街道（乡镇）和40.4%的社区（村）都拥有设施，平均每个街道（乡镇）有1.5个、每个社区（村）有0.53个。设施用房类型既有养老福利用房，也有办公、商业、医疗、文化和娱乐等其他公共服务用房，此外还有四合院、平房、底层住宅等居住用房。设施规模大小不一，小到50m$^2$以内，大到10000m$^2$以上，一般街道（乡镇）级设施规模较大，但六成以上设施不足500m$^2$（图1）；而社区（村）级设施规模则更小，六成以上设施不足200m$^2$（图2）。

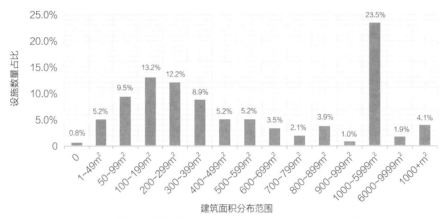

图1　2016年北京市街道级养老服务设施建筑面积分布情况

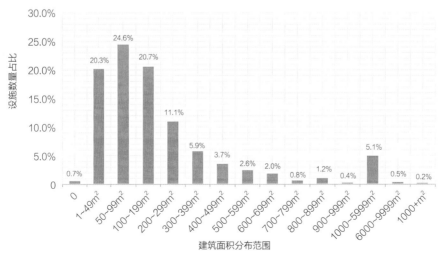

图2　2016年北京市社区级养老服务设施建筑面积分布情况

由于当时普查的目的为摸清北京市养老服务的"家底"，所以调查设施覆盖的类型非常广泛，既有养老照料中心、养老服务驿站、日间照料中心，也有养老院、托老所、敬老院、护养院、老年公寓、星光老年之家，还有老年活动中心、老年餐桌、老年大学、残疾人温馨家园等（图3）。设施功能类型众多、名称五花八门，在当时的数据中，达到有关部门指导建设要求的养老照料中心仅有71个、社区养老服务驿站47个[1]，反映当时社区养老服务设施建设处于起步阶段，设施定位与功能尚未明确。

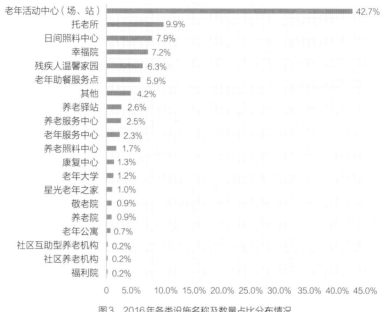

图3　2016年各类设施名称及数量占比分布情况

"十三五"期间，北京市居家和社区养老的概念逐步深化，养老体系建设不断完善，逐渐形成了以提供入住服务的养老照料中心和提供综合服务的社区养老驿站的两级社区养老服务设施。截至2020年底，全市共有社区养老服务设施1241个，其中养老照料中心236个，社区养老服务驿站1005个[2]。由此可见，社区养老服务设施总量增长迅速，而且其类型和养老服务功能更加规范，养老服务能力较之有大幅提升。

## 1.2　既改类设施占主导地位，设施环境亟待完善

在2016年普查中发现，许多设施是通过改扩建建成的，又称既有建筑改造类设施（以下简称"既改类设施"），在街道（乡镇）层面达到65.4%，社区（村）层面为53.2%。按不同区域划分来看，北京市核心区（东城区和西城区）的设施以改扩建方式为主，在街道（乡镇）层面达到72.4%，社区

---

1　2015年发布的《北京市民政局、北京市老龄工作委员会办公室关于依托养老照料中心开展社区居家养老服务的指导意见》和2016年发布的《社区养老服务驿站设施设计和服务标准（试行）》。

2　数据来源：北京市民政局官网。

（村）层面为62.2%。这是由于核心区建成年代较早，建设初期未配置养老福利用房，只能通过改建的方式转变其他用房的使用功能完成建设。

为了解"十三五"时期北京市社区养老服务发展建设状况，2020年，本研究团队通过调研走访对北京市核心区社区养老服务设施进行全面调查。调查发现，截至2020年底，核心区共有125个社区养老服务设施，其中养老照料中心32个，社区养老服务驿站93个。现有设施建设方式仍然主要为改扩建，其中社区养老服务驿站改扩建比例最高，占91.4%，养老照料中心为90%（图4）。超过八成设施在2016年之后才完成改扩建，近一半设施原有用房建于20世纪80—90年代，受到原有建筑的空间和结构限制，导致很多设施在改扩建过程中面临许多问题，建筑环境存在较大缺憾，亟待深入研究。以下重点围绕核心区现有既改类社区养老服务设施的主要问题和改造设计策略进行论述。

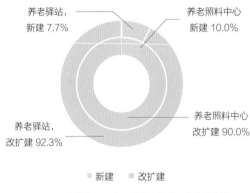

养老驿站，
新建 7.7%

养老照料中心
新建 10.0%

养老驿站，
改扩建 92.3%

养老照料中心
改扩建 90.0%

■ 新建　■ 改扩建

图4　2020年核心区现有既改类设施建设方式分布情况

## 2 既改类社区养老服务设施的主要问题

### 2.1 设施规模差距大，但普遍较小，无法满足服务需求

核心区现有既改类设施规模差距巨大，有的达到4203m²，有的仅有20m²。总体来说，现有既改类设施规模普遍较小，如：养老照料中心面积在500m²以内的将近三成，501~1000m²的占两成（图5），床均建筑面积为34.3m²/床，不满足目前国际养老行业普遍公认的35~40m²/床的要求。与之相比，社区养老服务驿站的建筑规模则更小，在100m²以内的达到一成，101~200m²之间的占三成，201~300m²的占两成（图6），与社区养老服务驿站需要承载的日间照料、呼叫服务、助餐服务、健康指导、文化娱乐、心理慰藉六大功能和诸多服务空间相比，既改类设施远远无法满足养老服务的需求，严重制约了服务内容和品质。

### 2.2 用房条件空间形式不适用，造成后期使用不便

核心区现有既改类设施用房类型众多，包含社会福利、物业或社区、办公、居住、商业金融、市政公用设施、工业等用房。其中，养老照料中心中社会福利用房和商业金融用房占比最高，均为

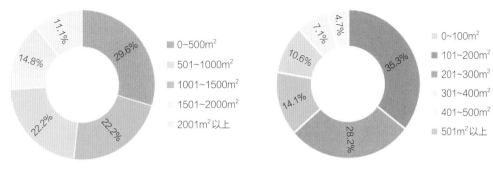

图 5　现有既改类养老照料中心建筑面积分布情况　　　　图 6　现有既改类养老驿站建筑面积分布情况

25.9%（图7）；社区养老服务驿站中，物业或社区服务用房占比最高，为27.1%（图8）。在结构形式上，近六成设施用房为砖混或剪力墙结构，用房为框架结构的仅占两成，大部分设施室内空间比较封闭、开间较小、隔墙较多，大多为走廊式布局，众多隔墙将空间划分成小房间（图9），一方面造成室内空间灵活性差，难以根据需要转换服务功能；另一方面也因室内空间存在视线遮挡，影响老年人之间和老年人与服务人员之间彼此交流，存在一旦老年人在某一空间中发生意外，有可能无法被及时发现的安全隐患。总体说来，既改类设施现有用房与需要的通透、开敞式空间环境有明显差距。

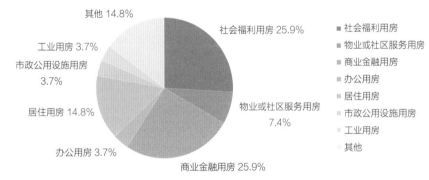

图 7　现有既改类养老照料中心设施用房类型及分布情况

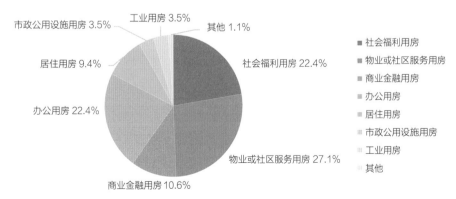

图 8　现有既改类社区养老服务驿站设施用房类型及分布情况

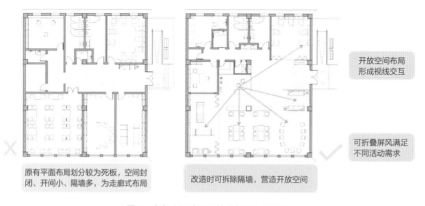

开放空间布局
形成视线交互

可折叠屏风满足
不同活动需求

原有平面布局划分较为死板,空间封闭、开间小、隔墙多,为走廊式布局

改造时可拆除隔墙,营造开放空间

图 9　老年人活动区开放式布局方式对比

## 2.3　无障碍缺项和错误较多,存在大量安全隐患

核心区现有部分既改类设施存在无障碍改造不当的问题。调查显示,现有既改类设施中出入口处没有无障碍坡道的占34.7%,出入口有坡道的设施中有5.6%的坡道过陡,轮椅人士无法使用;二层以上没有无障碍电梯的占7.1%;室内通行地面材料不防滑的占15.3%;卫生间中缺少扶手等辅具的占5.6%,已安装了扶手等辅具的设施中有38.9%存在错安扶手的问题(图10)。导致现有既改类设施存在无障碍缺项和错误的原因不仅是由于设计不专业,也是由于受到原有用房用地条件制约导致的改造困难,比如出入口距离马路过近,没有空间修建满足规范的无障碍坡道;走廊和门洞宽度较窄,难以满足轮椅人士通行和回转的要求;卫生间空间狭小或地面存在难以消除的较大高差;墙面为轻质材料,无法安装扶手。调研中还发现,现有部分无障碍设施缺乏管理,形同虚设,并存在严重安全隐患。

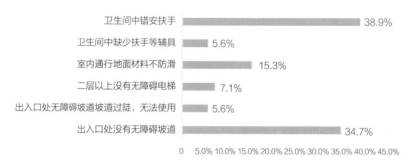

图 10　无障碍缺项和存在的问题情况

## 2.4　缺少温馨的家庭氛围,建筑环境品质有待提高

核心区现有既改类设施在室内氛围方面存在缺乏居家氛围、装修装饰简陋、有医疗感和机构感等问题。以研究团队对社区养老服务驿站室内环境主观印象为例,综合印象为一般的占比为36.1%,较差的占比为18.1%,很差的为5.6%;认为装修品质为一般的占比为29.2%,较差的占比为12.5%,很差的为8.3%;认为新旧品质为一般的占比为38.9%,较差的占比为13.9%,很差的为

2.8%（图11）。由此可见，现有既改类设施的室内光环境、色彩和材料、家具装饰和细部设计等适老化要素明显考虑不足，环境品质亟待提升（图12），以便呈现社区养老服务设施应有的温馨家庭氛围。

鉴于原有用房往往存在上述主要问题，在既改类设施建设中，需要采用针对性的设计策略。

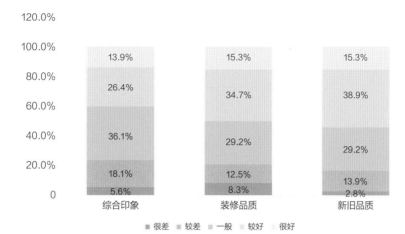

图11 核心区社区养老服务驿站综合印象、装修品质和新旧品质比较

某社区养老服务设施的就餐区采用"食堂式"餐桌布置，桌椅相连难以移动，导致空间用途单一，造成空间资源的浪费

某社区养老服务设施的日间休息区内采用大量固定式床位，空间难以进行功能复合和转换，使用效率低

某社区养老服务设施门厅室内除接待台外无其他陈设与装饰，空间较为单调

某社区养老服务设施室内走廊，因空间狭长且墙面无装饰，导致空间单调，可识别性较差

图12 部分设施装修简陋，整体环境品质亟待提升

# 3 既改类社区养老服务设施改造设计策略

## 3.1 做好改造条件评估，采用针对性改造策略

既改类设施与新建设施不同，在设计前期需加入对改造条件评估的工作。社区养老服务设施的服务对象是老年人，对建筑环境安全性、健康性和便捷性的要求严格，并不是所有的用房都能适用。同时，部分既改类设施由于原有用房建设年代久远、历经多次改造、空间环境复杂、基础材料缺失，存在建设条件不明的问题[4]。此外，由于此类项目的所处环境一般为既有社区，对于原有用房的改造是否会对周围环境带来不利影响也需要进行分析。因此，在开展设计之前应从原有用房适用性和对周边环境影响两方面（图13）进行改造条件评估，以便提出有针对性的设计策略。

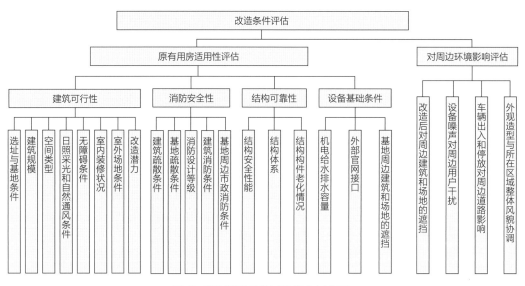

图 13 既改类设施改造条件评估内容框架图

## 3.2 加强空间复合利用，实现"小设施多功能"

针对现有既改类设施规模普遍较小的状况，在改造设计时，应注重空间使用的灵活性，在有限的空间中提供更多的服务功能，提高空间利用效率。采用分时利用的方法，将不同功能融合在一个空间，实现一室多用，如：将餐厅和多功能活动区合并，采用可灵活组合的桌椅，用餐时间以外成为文化娱乐空间；日间休息区采用折叠沙发、按摩床等可转换式床具，午休时间以外成为文化娱乐或康复理疗空间（图14）。还可采用功能定期周转的方法，合并部分功能所需空间，如：辅具租赁、康复理疗、理发和手足护理等个人清洁可共用一个空间，每日轮流提供不同的服务。为了实现空间的灵活性，应选用可以灵活变换的家具，方便根据需要进行功能转变，通过对家具的不同组合实现使用功能的多样性。通过上述方式可做到"小设施多功能"。

功能一：就餐模式

功能二：活动模式

功能三：讲座模式

图 14　利用灵活桌椅，加强空间复合利用

## 3.3　优选内部空间开放的用房，消除视线屏障

针对部分原有用房空间形式不适用的问题，在设施选址时，应首选大开间、框架式的用房，在平面布局时宜选择室内面积最大、墙体和柱子等结构构件较少的部分作为开放性强的空间，以便适应其参与人数多、活动内容丰富的特点。在改造设计时，采用巧妙的方式消除视线屏障，增强空间开放性，如：拆除部分非承重墙体，提高空间连通性和视线通达性；利用门窗洞口的通透性，实现视线通达（图15）；采用开放式办公区或透明界面方便老年人与服务人员的视线交流，提高其心理安全感。

图 15　利用门窗洞口实现空间通透

## 3.4　加强对重点部位的无障碍改造

既改类设施受到原有建筑用地用房条件的限制，在无障碍改造过程中有很大的局限性，未必能达到"十全十美"，因此应抓住重点部位的无障碍改造，主要包括建筑出入口、室内通行空间和卫浴空间等[5]。建筑出入口（图16）应实现无障碍高差过渡，具备修建外部坡道条件时，可改变坡道方向，避免坡道直冲人行道和车道；不具备条件时，应设置扶手式电梯。拓宽走廊、门洞等处的通行净宽，方便通行交错和轮椅回转；消除室内通行空间地面高差，采用防滑地面材料，当无法更换地面材料时，可采用安装防滑地钉、喷涂防滑剂等措施提高防滑性能。走廊和通道处应设置连续扶手（图17），当走廊处的墙体为不具备扶手安装条件的轻质隔墙或玻璃幕墙时，可采用灵活的扶手安装方式，如采用落地式支撑、在轻质隔墙上设置条形加固带、利用玻璃幕墙的支撑构件进行安装等方法（图18），提高扶手的稳固性。大于一层的设施应设置无障碍电梯，以便保证老年人无障碍地上下通行。在卫浴空间中宜采用推拉门、折叠门或电动伸缩门，当洁具周围无法安装固定扶手时，可采用落地式、可折叠、可固定在设备上的扶手或自带扶手的洁具，满足老年人撑扶的需要。

## 3.5　设备与改造协同进行，解决复杂的改造问题

在既改类设施建设中，往往会出现由于原有用房不具备改造条件或改造困难，而难以满足适老化要求的问题，需要本着空间改造设计与设备协同的改造设计理念，采用一些特殊的适老化设备加以辅助。如有的设施出入口高差过大，无法设置无障碍坡道，应通过安装电梯、小型升降平台等设备（图19）消除出入口高差；有的设施卫生间狭窄，没有空间安装扶手，可选择安装带扶手的马桶和盥洗盆；还有的设施可通过同层浅地漏组织排水，消除卫生间、淋浴间室内外地面高度差。可采用浅基坑无机房电梯，解决用房增设电梯处上下界面无法突破、无法增设电梯的困难。当室内采光通风条件不足时，还可采用新风设备。相关部门和设备厂商应加强针对改造类设备产品研发，丰富产品类型，为在苛刻的既有建筑中进行适老化改造提供更多的产品支持。

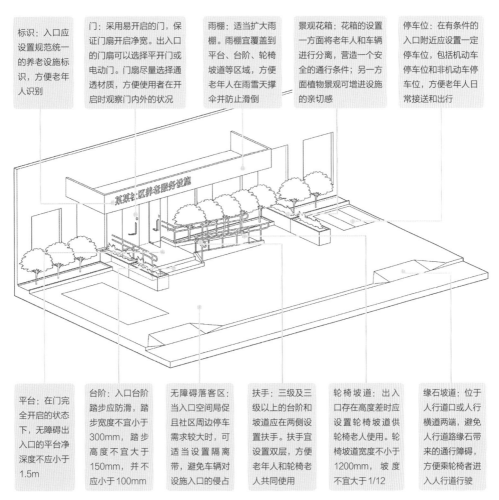

标识：入口应设置规范统一的养老设施标识，方便老年人识别

门：采用易开启的门，保证门扇开启净宽。出入口的门扇可以选择平开门或电动门。门扇尽量选择通透材质，方便使用者在开启时观察门内外的状况

雨棚：适当扩大雨棚。雨棚宜覆盖到平台、台阶、轮椅坡道等区域，方便老年人在雨雪天撑伞并防止滑倒

景观花箱：花箱的设置一方面将老年人和车辆进行分离，营造一个安全的通行条件；另一方面植物景观可增进设施的亲切感

停车位：在有条件的入口附近应设置一定停车位，包括机动车停车位和非机动车停车位，方便老年人日常接送和出行

平台：在门完全开启的状态下，无障碍出入口的平台净深度不应小于1.5m

台阶：入口台阶踏步应防滑，踏步宽度不宜小于300mm，踏步高度不宜大于150mm，并不应小于100mm

无障碍落客区：当入口空间局促且社区周边停车需求较大时，可适当设置隔离带，避免车辆对设施入口的侵占

扶手：三级及三级以上的台阶和坡道应在两侧设置扶手。扶手宜设置双层，方便老年人和轮椅老人共同使用

轮椅坡道：出入口存在高度差时应设置轮椅坡道供轮椅老人使用。轮椅坡道宽度不小于1200mm，坡度不宜大于1/12

缘石坡道：位于人行道口或人行横道两端，避免人行道缘石带来的通行障碍，方便乘轮椅者进入人行道行驶

图16 典型的无障碍出入口轴测示意图

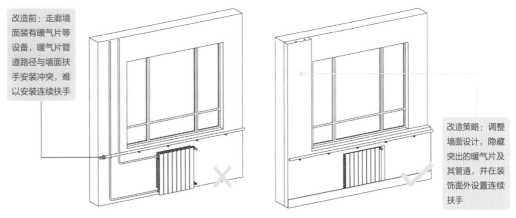

改造前：走廊墙面装有暖气片等设备，暖气片管道路径与墙面扶手安装冲突，难以安装连续扶手

改造策略：调整墙面设计，隐藏突出的暖气片及其管道，并在装饰面外设置连续扶手

图17 扶手与墙面突出物改造示意图

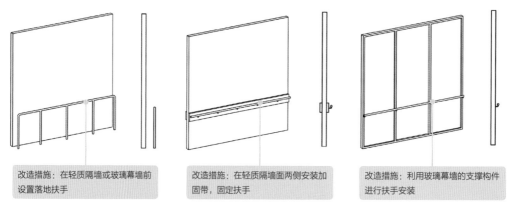

改造措施：在轻质隔墙或玻璃幕墙前设置落地扶手

改造措施：在轻质隔墙面两侧安装加固带，固定扶手

改造措施：利用玻璃幕墙的支撑构件进行扶手安装

图18　轻质隔墙与玻璃幕墙灵活安装扶手的方式

图19　小型升降平台、座椅电梯、斜挂式平台电梯
（图片来源：lehner-lifttechnik）

## 展望与建议

　　面对人口老龄化严峻形势，国家"十四五"规划纲要明确指出实施积极应对人口老龄化的国家战略，一方面，积极开发老年人力资源，发展银发经济；另一方面，推动养老事业和养老产业协同发展，发展普惠型养老服务，构建居家社区机构相协调、医养康养相结合的养老服务体系。近年来，全国各地社区养老服务设施建设蓬勃发展，很多城市已初步形成了养老服务网络，北京市在2019年推出区域养老服务联合体概念，试图通过科学的统筹规划、强化"四级"设施协同，实现"周边、身边、床边"全方位养老服务。为了满足人民对美好生活的向往，社区养老服务设施建设任重道远，关于既改类设施的设计研究和实践更是重中之重，本项目选取了部分国内外的优秀实践案例，以期对今后的建设提供参考。同时，应当看到，完善社区养老服务设施建设还需要政策标准、规划设计、产品研发等领域社会各界的共同配合与大胆创新，共同加快营建多元化、多层次的设施体系，为老年人提供高品质的养老服务。

## 图片来源

均由作者拍摄或绘制。

## 参考文献

[1]  吴玉韶. 从老龄政策看产业发展新趋势[J]. 中国社会工作, 2020(02): 22-25.

[2]  李红兵, 周洪敬. 抓紧 做细 落实 全面提升北京老年人和服务机构的获得感[J]. 社会福利, 2020(04): 14-17.

[3]  程晓青. 北京市养老设施建筑环境分析[M]. 北京: 华龄出版社, 2018.

[4]  程晓青, 吴艳珊, 秦岭, 等. 城市社区养老服务设施建筑设计图解[M]. 北京: 华龄出版社, 2021.

[5]  程晓青, 尹思谨, 李佳楠, 等. 城市既有建筑改造类社区养老服务设施设计图解[M]. 北京: 清华大学出版社, 2021.

# 社区配套养老服务设施室内适老化设计要点

尹思谨　左　杰

## 引言

　　社区养老一直是国家养老体系中的重要组成部分，随着我国老龄化人口的日益增多，也带来了大量的社区配套养老服务设施建设项目。一方面这些项目多为改造类项目，另一方面许多既有设施也需要通过改造对室内空间进行提升更新。然而，多数社区养老改造项目规模较小、建设成本较低，可能会出现运营方不够重视室内设计或室内设计师适老化设计经验不足的情况，导致出现空间氛围营造不舒适、界面材质选择不安全、色彩关系处理不明确、光环境设计不精细、家具款式搭配不合适等问题。建成结果既拉低了老年人空间环境品质，又影响了运营方服务质量。因此，在社区配套养老服务设施的各类改造工作中，掌握正确的适老化设计要点变得尤为重要。

　　社区养老服务设施的室内设计重在"适老化"。笔者基于案例调研，从老年人的身体机能与心理需求的角度出发，以保证老年人在设施中的安全性，提升老年人在空间中的舒适性为前提，通过空间气氛营造、界面材料选择、空间色彩设计、光环境设计、家具陈设搭配等五方面进行要点梳理，也希望能为相关从业人员提供借鉴与帮助。

## 1 适老化空间气氛营造

　　室内空间是老年人长时间使用的地方，环境氛围对老年人心情会产生很大影响。社区设施环境作为老年人生活空间的延伸部分，室内空间应充分展现"温馨舒适"及"熟悉亲切"的气氛，让老人们感受到"如家般"的温暖，并以营造这种感觉气氛为首要目标，其目的是让进入空间的老年人产生预想的心理变化[1]。

　　如何营造"温馨舒适"的空间气氛，以图1为例：在空间布局时，宜以家庭起居空间的尺度布置房间，大空间可将多种空间复合布置在一起，通过适宜的家具分隔使其尺度宜人；地面采用黄色木地板，墙面采用淡米色涂料墙面，搭配暖白光光源，以营造色彩体系和谐、界面材质对比清晰的环境氛围；采用居家款式的织物沙发，造型小巧的茶几，给人以舒适、温暖的感觉；再配上高矮不一的绿植、水绿鱼红的水缸及老人们的书画作品，通过丰富的家具及配饰来充实空间环境，从而营造出温馨舒适的居家氛围。

"熟悉亲切"是室内适老化设计的重要特色，大多数老年人常年居住在一地，利用所在区域独有的文化和装饰元素，营造老年人熟悉的生活场景，满足老年人对心理"安全感"的需求，更易让他们融入环境中。如图2所示：北京四合院具有悠久的历史文化特色，内墙面局部采用砖纹肌理墙面，搭配北京胡同风貌图画，可以让老年人获得强烈的归属感。

图1　温馨舒适的空间环境　　　　　　　　　　　　　　　　　图2　熟悉亲切的空间环境

## ② 适老化界面材料选择

老年人各项生理机能有所衰退，室内材料的安全性应放在首位，避免由于材料选择不当引起风险和意外的发生，如：地面材料的防滑性、哑光材料表面防止产生眩光、顶棚及墙面的吸声功能等。"居家化"是养老设施室内设计的重点，如何通过空间界面的材料设计达到这一目的，营造丰富的界面环境，消除单调感是界面材料设计的基本方向。此外，由于设施的服务人员有限，界面材料需要耐脏且易于清洁，也应重点关注。具体材料选择如表1~表3所示：

| 顶棚材料设计 | | | 表1 |
| --- | --- | --- | --- |
| 名称 | 实例图片 | 设计要点 | 推荐使用部位 |
| 吸声板 | | 老年人一方面听力有所衰退，另一方面更容易受嘈杂环境影响而引起生理和心理上的不适，尤其是佩戴助听器的老年人，噪声也会同比放大。因此，公共空间的声环境设计很重要；顶棚是设置吸声材料的最佳位置，在高大空间尤其需要注意吸声处理 | 餐厅、多功能厅、门厅、走廊、棋牌室等<br>备注：容易产生噪声的空间使用 |
| 涂料 | | 涂料绿色环保、施工方便，具有丰富的色彩和肌理 | 休息区、居室等<br>备注：配合墙面吸声处理后可在大空间使用 |

| 名称 | 实例图片 | 设计要点 | 推荐使用部位 |
|---|---|---|---|
| 木饰面 |  | 木饰面所营造的如家般温暖的环境气氛是老年人所欢迎的，为满足消防规范的要求，有时可用金属板转印木纹代替；<br>可局部作为重点装饰部位使用，大面积使用时，不宜颜色过深，避免产生压抑感，影响老年人心理感受；<br>木饰面穿孔吸声板也是一个非常好的选择，但需注意到达到使用要求的防火等级 | 门厅、餐厅、多功能厅、电梯厅<br>备注：重点装饰部位使用 |

其他注意事项：

走廊、卫生间等在顶棚内设置较多管线或设备的房间，宜采用成品块板、格栅等拆装方便的顶棚材料，满足更换、检修等日常维护需求（图3）；

逢年过节，工作人员通常会在房间顶棚布置灯笼、拉花等传统装饰品，以提升节日气氛。因此，顶棚提前预留好挂钩吊点是十分必要的（图4）

图3 走廊顶棚采用矿棉吸声板

图4 餐厅顶棚悬挂灯笼等传统装饰品

墙面材料设计 表2

| 名称 | 实例图片 | 设计要点 | 推荐使用部位 |
|---|---|---|---|
| 壁纸 | | 壁纸（壁布）具有多样的色彩纹样和肌理，非常有利于营造"如家"般的居家生活气氛，壁纸有丰富的纹样可选择，配合造型设计局部使用，可获得理想的视觉感受和氛围，选择耐擦洗产品系列利于公共空间的使用维护；尽量选择具有一定的吸声、防霉、防菌功能的壁纸（壁布）系列 | 门厅、走廊、餐厅、多功能厅、休息区、居室 |
| 涂料 | | 涂料色彩丰富，肌理多样，同样适合在大空间使用，墙漆宜选用哑光系列，防止侧窗强光进入时产生眩光，引起老年人视觉不适；涂料没有吸声功能，使用时同时需在顶棚或地面上进行吸声设计；<br>考虑到防疫常态化的要求，聚氨酯耐擦洗涂料是一种新型环保产品，相较于传统水性涂料，不会与酒精、84消毒液、双氧水等消毒产品产生反应 | 门厅、公共活动区、公共餐厅、多功能厅、休息区、走廊 |

| 名称 | 实例图片 | 设计要点 | 推荐使用部位 |
|---|---|---|---|
| 砖墙、木饰面等 | | 设计风格居家化是养老服务设施室内设计的发展趋势，选择具有年代感的自然材料是取得这一效果的绝佳选择，可局部重点使用；<br>木饰面吸声板有较好的吸声效果，纹理色彩丰富，多功能厅、大餐厅、门厅和走廊等吸声要求较高的空间可考虑采用；<br>木纹膜可以替代一部分木饰面材料的装饰效果，是一种较经济的墙面材料 | 门厅、公共餐厅、多功能厅、休息区<br>备注：重要装饰部位使用 |

其他注意事项：

墙裙或者腰线一般用于公共活动室、餐厅、走廊等，可以保护墙面，避免桌椅或轮椅脚部划伤墙面，注意木墙裙高度应高于扶手；走廊踢脚高度不应低于300mm（图5）；

活动室、阅览室等空间经常利用墙面展示老年人作品，可考虑采用软扎板、聚酯纤维板、挂镜线等材料，既方便更换，且不破坏原有墙面（图6）；

老年人会在春节前更换春联，入户门两侧应考虑耐维护材质，如：木饰面、金属板、防火板等硬质材料

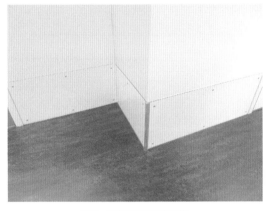

图5 走廊墙面设置高踢脚

图6 活动室墙面设置挂镜线

**地面材料设计**                                                                    表3

| 名称 | 实例图片 | 设计要点 | 推荐使用部位 |
|---|---|---|---|
| 石材地面、防滑地砖 | | 采用哑光防滑性好的产品系列；经济性较好 | 门厅、走廊、活动区、餐厅、休息区等 |
| 塑胶地面 | | 地面平整接缝少，颜色多样，图案丰富、适合不同楼层或分区使用，方便老年人辨识空间位置；<br>利于维护，防水、抗菌性能好；<br>可以在原有平整地面上直接敷设，且易于修补，经济性较好 | 餐厅、门厅、走廊、多功能厅等 |

| 名称 | 实例图片 | 设计要点 | 推荐使用部位 |
|---|---|---|---|
| 木地板 | | 维护较方便，木地板在南方更为适用，使用时要注意在顶棚设置或墙面设置吸声材料，尽量防止地面产生眩光，应选择哑光表面的产品系列；<br>强化复合木地板脚感一般，但经济性较好 | 多功能厅、休息区、居室 |
| 地毯 | | 地毯可以缓解老年人足部和腿部的疲劳感，舒缓肌肉紧张和关节疼痛；触感温暖，温暖对于老年人很重要，尤其在冬天；地毯可防滑，利于平衡，对不慎跌倒的老年人起保护缓冲的作用；<br>噪声会影响老年人的情绪和心情，尤其对精神系统衰退的老年人，地毯有良好的吸声效果；<br>注意所选择产品防潮、防菌、耐磨、易清洗等性能 | 日间照料室、阅览室等<br>备注：功能相对固定、安静的空间使用 |

其他注意事项：

地面材料的基层做法、面层厚度均不同，还应注意不同地面材质的衔接处避免出现高差变化，避免导致老人绊脚发生危险(图7)；

老年人产生视错觉，在室内设计中应注意界面材料的花纹、肌理不宜太强烈和复杂，避免由于在地面、墙面等处采用过于炫目复杂的图案而导致老年人产生不安定感(图8)

图7 材质交界处保持地面平整

图8 地面、墙面应避免出现复杂的图案

## 3 适老化空间色彩设计

目前国内很多社区养老设施存在色彩设计不合理的问题，老人眼部功能衰退，视觉容易模糊混沌，有些界面色彩关系或明度差异不明显时，容易让老年人判断不清。如图9所示：墙面、地面均采用暖色木饰面搭配暖光光源，确实营造了温暖的气氛，但未搭配其他差异化色彩，容易让老年人产生单调乏味的感觉。调研中发现，很多养老服务设施均存在这种问题，应予以重视。图10为走廊界面色彩运用单一，不利于老人辨识且气氛冰冷。因此，在进行色彩设计时，应利用色彩的明暗关系、色彩差异等设计手段，以营造辨识清楚，色彩丰富且明亮舒适的空间环境。主要内容一般包括：构建色彩体系、区分界面色彩关系等两方面的内容。

图9　电梯厅界面色彩明度一致　　　　　　　　图10　走廊墙地色彩差异不明显

　　首先，室内色彩体系应营造令老年人温馨愉悦的心理感受。如图11所示：老年人活动空间界面采用米黄色、木色等暖色系色彩，搭配以木质为主材的家具，营造温暖舒适的感觉，搭配绿植作为点缀色，活跃了空间气氛，丰富了空间色彩关系。调研中发现，一些设施在室外光线较好时，会不开或少开室内光源。因此，整体界面的色彩明度宜提高，以应对此种情况发生。

　　其次是区分界面色彩关系，方便老年人辨识。具体设计手法如下：

　　1）采用重点提示的方式，增强识别性，以应对老年人视觉下降的生理特点。如：在垂直交通、卫生间、服务台等需要重点标识的部位，通过界面色相的改变、彩度的提高或明度的差异进行提示；适当加大各界面的明度差异，明确区分地面、墙面的色相和明度，有利于老年人辨识不同界面，如图12：走廊扶手颜色明显区分于墙裙颜色，方便老年人识别。

　　2）采用分区设计的方式，方便老年人寻找不同的功能空间或进行分组活动。如图13：在不同楼层采用不同颜色，帮助老年人进行空间定位；还可以在不同的活动区域采用不同的色彩，提示老年人进行分区活动。

图11　空间以温暖色系为主局部点缀冷色系　　　　图12　扶手颜色明显区分于墙面颜色

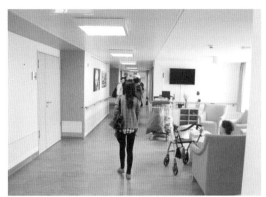

图13　不同楼层走廊选用不同色彩体系

## 4 适老化空间光环境设计

　　设施内的光环境不能只停留在保证空间照度的层面进行设计，而要真正精准解决室内人工光的常见问题，如：照度不均匀、无重点照明、灯具或界面产生眩光等问题。针对老年人眼部机能衰退的特点，在设计时应注重三个方面：均匀性、精细度、防眩光。

　　首先室内光环境设计应注意均匀性。由于老年人眼部的明暗适应性减弱，不均匀的空间照度会在地面上形成阴影暗区，使老年人误判地面有起伏，进而引发不安定感。因此，室内各空间之间，或大空间中各部分的照度不宜出现明显的照度差，以提升室内光环境的舒适度。如图14所示：均匀布置顶棚光源，保证空间照度均匀，同时满足家具灵活摆放的需求。另外尽量选择可照亮顶部的灯具款式，提亮顶棚明度，可提升空间开敞感，明亮的环境有振奋老年人心情的作用。

　　其次室内光环境设计时应注意精细度。由于老年人视力减弱，光环境应考虑老年人在各个空间的使用方式。因此，在老年人用眼重点位置增加局部照明，采用"一般照明＋局部照明"的方式，细化室内光环境。如图15所示：在活动厅中有老年人进行阅读、手工等桌面活动的区域设置专用阅读灯，以提升室内光环境的精细度，方便老年人在设施中的视觉活动。此外，尽量选择显色性好的光源，建议采用推荐显色指数Ra大于85的光源，以便应对老年人辨色能力降低的问题。光源色温宜搭配使用

图14　餐厅均匀布置室内顶棚灯具　　　　　　　　图15　阅览室桌面设置局部阅读照明

且色温不宜高于4000K，有利于营造温馨舒适且层次丰富的光环境氛围。

老年人的眼部适应力减弱，易受眩光影响而产生不适。因此，应注意防止室内眩光的产生，合理选择界面材料、照明方式与灯具类型。选择哑光表面的界面材料，防止地面、墙面和顶棚等界面产生眩光；主光源优先选择间接型灯具，如：带有磨砂灯罩的吊灯、吸顶灯，搭配间接照明方式，避免光线直射老年人眼部，且丰富光环境层次。

## 家具及陈设搭配

设施内的公共空间受建筑体量限制，空间面积有限，家具款式在保证安全性的前提下，应兼具灵活可变的使用特点，以便应对一室多用的情况，且家具款式的居家感也是营造温馨舒适空间环境的关键因素。家具选择重点关注三方面内容：安全稳固、灵活多变、居家感。

老年人身体机能有所下降，在起身、行走的过程中会借力于家具，结实稳固的家具是老年人使用的前提条件。如图16所示：在家具的转角部位宜做导圆角处理，避免老年人磕碰划伤，家具腿部不宜外伸，防止老年人绊倒摔伤，最大限度保障老年人的使用安全。

受到设施现状条件的影响，设施中的多功能空间宜选择灵活可变类型的家具，以提升空间使用效率。如图17：功能厅采用易挪动、组合的桌椅，可根据活动需要灵活调整家具布局；日间照料室采用可折叠床具，休息时间以外方便功能转换。

充分考虑老年人的心理特征，尽量避免采用图18示的"办公化"或"医疗化"的家具形式，设施内的家具应具有"居家感"，如图19：轻松、休闲的家具款式使老年人感受到舒适、亲切的空间气氛。

图16 边角圆润、支撑稳固的家具　　　　　　　图17 易于组合、挪动的家具

图18 "办公化"的家具　　　　　　　　　图19 "居家感"的家具

为了营造亲切的室内氛围，还应布置一些陈设小品，一般包括：老年人作品、绿植、鱼缸等，既丰富空间环境，又愉悦使用者的心情。如图20所示：在公共区域布置一些年代悠久的陈设品，能引发老年人回忆，满足老年人怀旧的心理需求；如图21所示：走廊墙面展示老年人创作作品，当老年人驻足欣赏时，可引发讨论话题，促进相互交往，增进老年人与空间环境的情感融入。

图20　走廊设置"怀旧感"的陈设　　　　　　　　图21　走廊展示老年人作品

# 结语

室内适老化设计是一项细致且系统的工作，一方面要了解并满足老年人的生理、心理需求，结合改造类项目特点，采用因地制宜的设计方式，通过气氛营造、材料、色彩、光环境及家具陈设等室内设计要素进行设计；另一方面还需在设计细节上下功夫，不断积累实际设计经验，总结设计过程中重点、难点问题，并兼顾运营特点与需求，以营造出温馨舒适、熟悉亲切的社区养老服务设施室内空间环境。

**图片来源**

均由作者拍摄、绘制。

**参考文献**

[1]　程晓青，等.城市既有建筑改造类社区养老服务设施设计图解[M].北京：清华大学出版社，2021.

# 老旧社区室外环境的适老化改造策略

史舒琳

## 引言

基于我国城市老旧社区室外环境在适老化方面的现状问题，挖掘其深层困难与挑战。鉴于社区室外环境的公共属性，并综合现有实践经验和科研成果，提出老旧社区室外环境改造的两条综合策略："内部激活、自力更新""自然健康、社群共融"。二者均能有效应对老旧社区室外环境改造的深层困难与挑战，综合提升社区室外环境品质，并很好地应对适老化问题与需求。

## 1 老旧社区室外环境适老化现状问题

随着年龄增长，大部分老年人身体机能逐渐减弱，日常活动范围也相应缩小。从可达性、安全性等方面考虑，邻近老年居民住所的社区室外环境对其日常接触自然、放松身心、维持社交意义重大。然而，随着老年居民比例增加和生活方式改变，我国城市老旧社区室外环境在适老化方面的问题也愈发显著[1]，突出表现为：

1.室外空间不足。这一方面是由于早期社区规划方法及条件限制，室外空间面积先天不足，导致目前大量老旧社区的室外道路和空间仅能满足基本的交通和生活需求。另一方面是由于近年来居民生活水平提高及生活方式改变，私家车保有量显著上升，但社区内及周边停车设施缺乏，导致私家车占用社区内原本就捉襟见肘的公共空间及道路停放，进一步减少了实际可用的室外空间，严重的甚至影响社区内交通乃至消防疏散，造成安全隐患（图1a）。

2.室外环境适老化设计欠缺。由于最初建设时没有老龄化问题，老旧社区往往缺乏对老年人的特别考量。诸如道路无障碍设计、休息设施、道路标识、夜间照明等方面的欠缺或不足，都会限制老年人出行及活动范围，甚至造成老年人摔倒、迷路等问题，直接影响老年人室外活动的便捷性和安全性。在设施方面，不仅数量普遍不足，有限的设施也往往缺乏对老年人身体状况的关怀，如座面材质太硬或太凉、座椅无扶手无靠背，造成体弱老人坐下后不舒适并难以依靠自力起身，影响实际使用等（图1b）。

3.室外环境管理维护不到位。最常见的包括基础设施老化或缺乏维护，导致各类管道堵塞、道路积水等问题，影响社区室外环境卫生及正常使用。加之反复维修，严重影响居民日常在社区内的户外活动。在管理较松散的社区，部分居民圈占公共空间或设施，例如在公共空间私建房屋、堆放杂物、饲养小动物等，不仅影响其他居民共同使用社区室外环境，也进一步加重了社区室外空间不足的问题（图1c）。

由于社区室外环境的公共属性，这些问题实际上不仅显著降低社区内老年居民的生活品质，对婴幼儿家庭、伤残人士等也造成较大的影响，亟待解决。

（a）机动车占用社区公共空间　　　　　　　　（b）社区休息设施缺乏扶手靠背，不利于老年人使用

（c）居民私自圈占社区公共空间以拓展自用面积

图1　老旧社区室外环境适老化主要现状问题示例

## 2 制约老旧社区室外环境适老化改造的深层困难与挑战

上述老旧社区室外环境的适老化问题，均与使用者体验直接相关。要切实解决这些问题，还需进一步深入挖掘其实质。基于现有的文献和报道，影响老旧社区开放空间适老化改造的制约因素主要表现在资源投入、需求平衡及利益相关方的信任关系等方面。

首先，就资源投入而言，我国城市老旧社区数量庞大，完全由政府公益性地承担一切适老化改造费用显然不现实。虽然国家层面提出要本着"谁受益，谁出资"的原则，建立政府与居民、社会力量合理共担机制[1][2]，具体实施却困难重重。主要原因之一是受益主体，即老旧社区各类居民的支付意愿由于主观或客观原因普遍不高[3]。例如老年居民，自身生活条件尚不宽裕，又或者生活节俭，即便自己是环境改造的直接受益人，也不太可能出资支持。非老年居民对社区环境的依赖性相对较低，也缺乏支持适老化改造的直接动机。另一方面，在改造中引入社会资本（非政府投资方），理论上是一个解决改造项目资源不足问题的有效途径。2019年北京劲松社区改造引入愿景明德管理咨询有限公司，提供"投资、设计、实施、运营"一体化方案，就是对老旧社区适老化改造盈利模式为数不多的实践探索[4]。需要注意的是，引入社会资本也意味着引入了更多的利益相关方（图2）。这些投资方需要与项目常规涉及的地方政府、社区/街道等行政管理单位、工程设计及实施、运营维护、社区居民等利益相关方建立关系，寻求利益与诉求的平衡点[5]。这些不可避免地会增加协调工作，需要更多的人力、物力、时间等资源消耗。

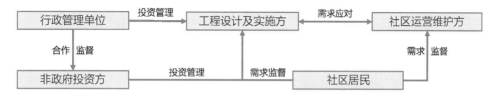

图2　我国老旧社区改造中主要的利益相关方及其关系示意

其次，如何平衡各方需求是老旧社区适老化改造无法回避的难题。目前亟待改造的老旧社区，往往长期缺乏室外环境改造提升，居民们或者调整自己的需求以适应有限的条件，或者逐渐摸索出其他的替代方案。经过长期的微调和磨合，绝大部分社区内已经形成相对稳定而微妙的社会生态，包括人与人之间、各利益相关方之间的互动关系，也包括对室外环境的利用、管理模式等。即便只是从适老化角度入手，一旦开展改造工作，便可能牵一发而动全身，连带出一系列利益主体和错综复杂的问题。每个利益主体都希望通过改造最大限度地满足自身需求。需求可能是大量的、难以兼容的，但能够用来实施方案的空间却是固定且有限的。纵有无限的建设资金，也难以同时承载各种不同的环境设计方案来分别满足不同的需求。因此，如何能够厘清错综复杂的关系，最大限度地消解矛盾，满足最广泛且迫切的需求，是老旧社区适老化改造顺利推进的一项重大挑战和重要前提。

最后，在复杂的社区改造项目中，相关各方相互信任是顺利推动项目合作的重要条件，但也往往是难题。随着改造项目启动，相关政府部门、外部资源、设计方等外部机构陆续进入社区居民的日常生活范围。对于已经形成社会稳态的老旧社区而言，这些相关方的出现很可能一石激起千层浪，轻则唤起居民的警觉，重则可能遭到排斥。外部机构如果无法在项目初期快速与社区及居民建立友好的信任，将可能严重影响后续工作的开展与成效。当项目进一步推进，涉及各方切实利益整合、博弈，尤其是涉及不同价值取向的时候，社区居民很可能会担心失去对自己所熟悉环境的控制，也可能质疑项目的公正性，进而增加沟通与磨合的难度。而且每个社区都有自身独特的情况和条件，即便有成功案例可供参考，具体的工作形式和方法仍然需要有针对性地独立摸索[6]。

# 3 老旧社区室外环境适老化改造策略

鉴于我国社会老龄化之快，老旧社区适老化改造之迫切，如要快速有效地应对乃至解决上述问题、困难与挑战，单靠注入外部力量是绝对不够的，必须设法激活社区自身的活力，并发掘能够自维持的价值驱动，里应外合共同推动老旧社区的适老化改造。同时，社区室外环境由于自身的公共属性而具有全龄友好的需求。这也可以反过来带动社区室外环境适老化改造。基于国际实践经验及广泛的科研成果，笔者提出如下两条整体策略：

## 1. 内部激活、自力更新

此策略主要借鉴于韩国的成功经验，通过激发社区居民主动性，以产业发展带动社区全面更新。基本过程是首先提升居民对社区产业发展、环境与生活品质的认知，激发和引导他们挖掘社区产业潜力、全方位提升所在社区品质的主观意愿；之后由政府帮助邀请相关行业专家和学者为居民们传授产业发展和社区改造所需的理念、知识与技能，并提供初期资金与硬件支持，辅助建立运作机制；待产业发展基本步入正轨后，政府转为以监督为主，由社区居民自主开展项目运作，并将一定比例的收益用于社区环境设施等的更新改造，逐步提升社区品质。

韩国的芦山洞项目是实施此策略的一个成功案例。自2011年至今，社区居民在政府和专家的支持、指导下，通过创办"社区企业"挖掘本地文化资源，开发相关产品，自主推进项目实施，将部分社企盈利用于社区公共事业以及支援弱势群体。过程中不仅建立了"社区共同体"，还实现了经济效益转化，并以此为基础逐步改善社区的物质空间环境，推进社区全面更新[6]。由于是以当地社会企业的收益支持社区环境更新，无须引入外部投资主体，居民具有相当的自主选择和决策权，可以有效减少由于多方博弈对实施方案的影响；有限的利益相关方（主要为居民与政府）在前期产业发展阶段借助专家、学者支援等形式形成引导、合作关系，建立信任[7]；在产业发展的过程中，政府和社区居民都得以更加清晰地识别社区的资源与需求，改造方案能有的放矢地解决实际问题。

此更新策略虽然周期相对较长，但从激活社区自身的"造血"功能入手，再由最了解社区特质与需求的居民自己决策并通过努力实现社区更新，具有很好的全局性和可持续性。通过共同的事业加强居民间的相互理解、支持与关怀，无形中化解和避免了很多矛盾；大家都积极参与其中。即便是老年人，也可以贡献自己的生活智慧，并收获大家的关心。如此，不仅改善了物质空间品质，提升社区居民的参与感、成就感、归属感，更有助于建立良好互助的社群关系，增强社区凝聚力。同时，也能有效减轻政府的财政负担，有助于建立政府和居民间的良好关系。社区室外环境适老化改造作为社区整体更新的一部分，也能够得到合理应对（图3）。

## 2. 自然健康、社群共融

上一条策略比较适合居民构成相对稳定的社区以及拥有较为充裕的运作时间的项目。但正如前文所述，我国大量老旧社区中的居民构成表现出原住民比例降低、外来人口比例及流动性升高等特征。居民对当地资源的了解和认同很可能也趋于破碎和缺失。这些不太利于从产业发展角度更新社

| 导入期 | 关注期 | 发展期 | 稳定期 |

居民说明会 　　　访问同类社区企业 　　　社区企业购置设备 　　　社区企业生产产品

运营乡村学校 　　　建设乡村菜园 　　　社区企业进行产品教育 　　　运营社区图书咖啡馆

图3　芦山洞案例主要工作示例

区。此时，一些普适性的底层价值，如自然的公共健康价值，也能帮助顺利推进社区室外环境适老化改造工作。

　　一般来说，人们对自身健康有本能的需求，也偏好对自身健康有益的环境。自然环境与要素能为人们带来生理、心理、社交、心灵等多维度的健康助益[8]~[11]，因此受到人们普遍的偏好[12][13]。除了视觉、嗅觉、听觉、触觉等感官感受，在自然环境中的各种休闲体育活动也非常有利于维持和改善参与者的健康状况[8][14]。借助社区室外环境多包含自然要素的特征，将自然的公共健康价值融入老旧社区室外环境适老化改造的价值体系，能够从认知、体验和生活方式等层面对居民产生影响，从而平衡、融合各方的利益诉求，有助于消解矛盾。在社区室外环境中开展与自然互动的各类活动不仅有利于参与者健康，为改造方案提供设计思路，还可以与后期运营相结合，降低养护成本。

　　为了顺利开展上述工作，首先需要让以社区居民为主的利益主体充分认识与认可社区室外环境的公共健康价值。即时可行的至少有三条途径（图4）：一是（半）官方通过各种方式开展公众教育，将自然如何有利于健康的相关科研成果转化为科普材料，传递给公众；二是社区和非政府组织开展自然体验类公众参与活动，让社区居民切身接触、体验自然的健康效益，并帮助参与者以此种认知看待社区室外环境；三是支持专家学者在社区内开展关于社区室外环境，尤其是其公共健康效益的各类科研活动，一方面可以充实现有科研成果并为将来的改造实践提供科学依据，另一方面也可向社区居民传

（a）自然认知公众教育 　　　　（b）自然体验 　　　　（c）社区内科研

图4　促进居民认知社区开放空间公共健康价值的途径示意

递社区室外环境备受重视的信息，提升他们对社区室外环境的关注度和正向思考。

具体的活动形式可以灵活多样，如科普讲座、园艺种植、自然探索等。活动在兼顾各类社区居民的同时，可以重点关照老年居民。因为大部分老年人具有种植相关经验以及闲暇时间，参与相关活动的积极性相对较高，还能带动孙辈并辐射到中青年居民；适当提高老年居民在活动中的参与度，如参与活动策划、将活动内容和社区室外环境营造相结合等，可以让老年居民感到自己被需要、提升他们的自我价值认同。这些都有助于社区居民的身心健康以及建立融洽的邻里关系。当然，除了自然的公共健康价值，各社区也可根据实际情况探索其他底层价值和实践途径，创造更丰富的经验。

# 结语

综上所述，为了推动我国城市老旧社区室外环境适老化改造顺利进行，关键在于找到各方共同的利益点，并以此带动其他各环节运转。鉴于社区室外环境的公共属性，基于现有实践和研究成果以及我国城市老旧社区现实，本文建议"内部激活、自力更新""自然健康、社群共融"两条基本思路，分别从资源和观念层面切入，应对目前老旧社区室外环境改造的困难与挑战，同时关照并解决老旧社区室外环境适老化的问题。二者各有所长，实践中可以根据实际情况灵活、综合运用。本案例集中的相关案例也大多是在形成社区共识、认同感和凝聚力的基础上开展工作，取得社区室外环境品质的全面提升，满足适老化需求，可以在实际操作层面提供有益的参考。

**图片来源**

1. 图1（a）（b）：由作者拍摄；图1（c）：http：//zw.enorth.com.cn/gov_open/4029551.html
2. 图3：朴成银，张立，李仁熙.韩国城市的"旧村改造"与"社区共同体"重建：昌原市芦山洞的案例[J].上海城市规划，2018（01）：72-76.
3. 图4：（a）：https://www.nps.gov/mima/learn/news/bioblitz-2019-aims-to-identify-2000-species-in-a-day.htm；
   （b）：https://www.facebook.com/urbancommunitygardening/photos/a.294705237745372/294704947745401；
   （c）：https://www.tigs.in/doing-geography-research-part-2-of-2/

**参考文献**

[1] 国务院办公厅关于全面推进城镇老旧小区改造工作的指导意见[EB/OL]. http://www.gov.cn/zhengce/content/ 2020-07/20/content_5528320.htm
[2] 国务院办公厅关于推进养老服务发展的意见[EB/OL]. http://www.gov.cn/zhengce/content/2019-04-16/content_5383270.htm
[3] 赵蔚，杨辰. 城市老旧住区适老化改造的需求、实施困境与规划对策：内生动力与外力介入的协同治理探讨 [J]. 住宅科技，2020, 40(12)：27-34.
[4] 瞭望东方周刊. 适老化改造：北京"吃螃蟹"[Z]. https://weibo.com/ttarticle/p/show?id=2309404549454345928730
[5] 仲量联行. 2020城市更新白皮书：聚焦社区更新，唤醒城市活力[R]，2020.
[6] 朴成银，张立，李仁熙. 韩国城市的"旧村改造"与"社区共同体"重建：昌原市芦山洞的案例 [J]. 上海城市规划，2018（01）：72-76.

[7]  魏寒宾, 唐燕, 金世镛. 基于政府引导与政民合作的韩国社区营造 [J]. 规划师, 2015, 31(05): 145-50.

[8]  BOSCH M V D, SANG O. Urban natural environments as nature-based solutions for improved public health: a systematic review of reviews [J]. Environmental research, 2017(158): 373-384.

[9]  LEE A C, MAHESWARAN R. The health benefits of urban green spaces: a review of the evidence [J]. Journal of public health, 2011, 33(2): 212-222.

[10]  SHANAHAN D, LIN B, BUSH R, et al. Toward improved public health outcomes from urban nature[J]. American journal of public health, 2015, 105(3): 470-477.

[11]  BERTO R. The role of nature in coping with psycho-physiological stress: a literature review on restorativeness[J]. Behavioral sciences, 2014, 4(4): 394-409.

[12]  BERG A E V D, HARTIG T, STAATS H. Preference for nature in urbanized societies: stress, restoration, and the pursuit of sustainability[J]. Journal of social issues, 2007, 63(1): 79-96.

[13]  SHI S, GOU Z, H. C. CHEN L. How does enclosure influence environmental preferences: a cognitive study on urban public open spaces in Hong Kong[J]. Sustainable cities and society, 2014, 13(October 2): 148-156.

[14]  KAPLAN R, KAPLAN S. The experience of nature: a psychological perspective[M]. New York: Cambridge University Press, 1989.

# 第2章
# 老年人家庭户内与住宅楼栋空间的适老化改造案例

　　本章案例中，国内外的实践都重点关注保证老年人居家生活的安全、舒适、便利。具体内容包括家庭户内、住宅楼栋通行空间的适老化改造等。

　　其中，国外案例部分以发达国家的经验总结为主。国外在住宅适老化改造工作中更加注重设计导则、改造手册对社会的引导，并通过多种传播方式进行推广，值得国内学习借鉴。

　　本章的国内案例部分对典型个案进行了分析，其中有些项目注重因地制宜、以需求为导向；有些项目着眼于提升老年人的生活条件，以基础的翻新为主；有些项目深入探究老年人的个性需求，改造方案具有创新性。

# 国外案例

# 居住建筑适老化改造行动
新加坡

> **导读：** 新加坡政府实施了一系列住宅适老化改造措施，对老年人生活的住宅
> 和社区的居住环境进行改善，提升了老年人居家生活的安全性和便利性，有
> 效保证了社区居家养老政策的推行。比较而言，中国和新加坡有着相似的居
> 住密度和文化背景。因此，新加坡的居住建筑适老化改造措施，对中国来说
> 具有重要的借鉴意义。

图1 家庭改造计划信息手册封面

图2 电梯升级计划宣传手册封面

## ▶ 案例简介

　　新加坡于2000年正式步入老龄化社会。截至2019年，其人口老龄化率已达到14.43%。基于
传统的亚洲社会文化，新加坡政府大力推行社区居家养老，鼓励人们在家度过老年生活。为了使老人
们在家的生活更加安全和便利，新加坡住房和发展委员会（HDB）推出了一系列针对住宅和社区的适
老化改造措施，其中较具代表性的措施包括针对家庭户内部分的家庭改造计划（HIP）和"乐龄易计
划"（EASE），以及针对住宅共用部分的电梯升级计划（LUP）和轮椅升降机试行计划，旨在为老人
创造更友好的居住环境（图1、图2）。

## ▶ 家庭改造计划和 "乐龄易计划"

为帮助居民解决老化房屋的维护问题，新加坡住房和发展委员会针对1986年以来建造的房屋推出了家庭改造计划。HIP计划由三部分组成：必选部分、可选部分以及专门为老年人提供的"乐龄易计划"(具体内容详见表1)。其中，EASE计划(2012年推出)可以单独申请，旨在通过家庭适老化改造，改善老年人在家中活动的安全性和舒适性。老人可根据自己的需求和家中条件，申请对卫生间或浴室的地砖进行防滑处理(图3)，在卫生间中加装扶手，或者在入户处及家中加装坡道(图4)。

| 家庭改造计划的主要内容 | 表1 |
|---|---|
| **HIP 计划组成** | **改造内容** |
| 必选项目 | 修复剥落的混凝土和结构裂缝 |
| | 更换铸铁管道 |
| | 对泄漏的UPVC管道进行修理 |
| | 更换晾衣架，或换成地面固定的独立式晾衣架（如适用） |
| | 升级供电系统 |
| 可选项目 | 更换入户大门 |
| | 更换入户防盗格栅 |
| | 更换垃圾斗 |
| | 卫生间、浴室升级套餐 |
| 乐龄易计划 | 对卫生间和浴室的地砖进行防滑处理 |
| | 为卫生间和浴室安装扶手 |
| | 在技术可行的地方安装坡道 |

图3　EASE计划对地板进行防滑处理

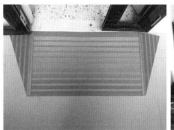

图4　EASE计划为老人加装坡道

## ▶ 电梯升级计划和轮椅升降机试行计划

除了对户内部分进行改造，HDB还推出了电梯升级计划和轮椅升降机试行计划，为居住建筑的共用部分提供适老化改造服务。建设年代较早的很多房屋没有电梯，电梯升级计划旨在通过加装电梯，方便老人、儿童及行动不便的人上下楼(图5、图6)。针对部分无法加装电梯或者入口处无法加装坡道的住宅，HDB与相关企业合作研发出了一款轮椅升降机，以解决轮椅进出不便的问题。目前该计划正在若干组屋内进行实验(图7)。

图5　电梯井吊装过程

图6　预制电梯井安装过程

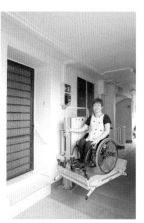
图7　试验中的轮椅升降机

### ▶ 申请条件及申请流程

家庭改造计划以街区为单位进行申请。收到申请后相关部门会组织街区居民投票，当街区内至少有75%的公民投票赞成时，改造即可进行。在投票结束后的六周内，居民可对家庭改造清单中的可选部分及"乐龄易计划"改造内容进行选择。这一过程既可以在HDB官网进行，也可以前往指定地点同工作人员商定。需要说明的是，"乐龄易计划"可以单独申请。申请条件为家庭中至少有一位65岁以上的老人，或有年龄在60~64岁之间且日常活动需要帮助的人（需提供申请人员的身体机能评估报告）（图8）。

电梯升级计划执行前，相关部门首先会对楼栋进行审核，审核内容包括住户的平均年龄、居住需求、技术可行性及改造成本等。审核通过后，相关部门将公开展示加装电梯的提案并邀请楼栋内的所有居民进行投票，支持率超过75%时即可正式实施（图9）。

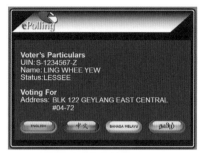

图8　家庭改造计划投票界面

图9　电梯升级计划的投票过程

### ▶ 改造费用及政府资助额度

申请家庭改造计划的居民，必选部分可获得政府的全额资助，可选部分也可获得大比例的补贴（补贴比例及费用详见表2）；"乐龄易计划"部分也可以获得政府的资助，例如，某居民选择了清单中的所有项目，改造总成本约为2500新元，根据居住建筑类型的不同，政府补贴比例为90%~95%，居民只需支付125~312.50新元（补贴比例及费用详见表3）。

申请电梯升级计划的社区，所有居民都需支付改造费用。由于政府会补贴大部分费用，且当地议会也会支付部分费用，所以居民最多只需支付3000新元（另需缴纳商品及服务税），具体费用取决于住宅类型和楼栋构造。此外，部分有刚性需求但其社区不符合电梯加装条件的人群，可以向政府申请住房补助金，用于从HDB购买安装有电梯的转售公寓或新公寓。

HIP可选项目居民承担的比例及费用　　表2

（单位：新元）

| 住宅类型 | 一/二/三室 | 四室 | 五室 |
|---|---|---|---|
| 费用分担比率 | 5% | 7.5% | 10% |
| 选择所有可选项目时所需支付费用 | 630 | 945 | 1260 |

（注：表中标注费用均为商品及服务税税前价格，所列价格均为估计值，最终金额仅在改造工程结束后确定）

EASE计划居民承担的比例及费用　　表3

（单位：新元）

| 住宅类型 | 一/二/三室 | 四室 | 五室 |
|---|---|---|---|
| 每套公寓改造价格 | 2500 | | |
| 政府支付费用及比例 | 2375 | 2312.5 | 2250 |
| | 95% | 92.5% | 90% |
| 居民支付费用及比例 | 125 | 187.5 | 250 |
| | 5% | 7.5% | 10% |

（注：表中标注费用均为商品及服务税税前价格，所列价格均为估计值，最终金额仅在改造工程结束后确定）

## ▶ 改造流程

（1）条件调研：在进行正式的改造前，项目团队会上门进行既有环境的调研和测量，同时与业主就如何改造进行沟通。若该家庭选择了"乐龄易计划"，项目团队还会记录老人的身体状况（图10），以明确未来改造的项目类型和数量。

（2）正式改造：家庭改造项目的改造时间取决于实际情况，若无卫生间改造约需4天；涉及卫生间的改造升级，往往需要10天。在改造过程中，工作人员会考虑业主多方面的需求，努力消除改造给业主带来的不便。比如说，考虑到卫生间改造会影响业主使用，施工队通常会支设简易的可移动卫生间（图11）。施工过程中，业主对改造有任何问题，或发现改造有缺陷，都可以联系该区域的HDB信息中心进行反馈。电梯升级等公共区域的改造通常需要很长时间，比如加装电梯通常需要两年半左右。为最小化施工影响，工作人员会尽量使用小型轻便的机器，并及时告知居民施工安排。这一过程中，工作人员会定期公示项目进度，居民也可以随时向相关部门反映情况。

（3）确认与回访：改造结束后，HDB工作人员、施工方和业主会共同对改造内容进行确认。若业主对改造结果存在异议，可向HDB报告，HDB工作人员也会定期对改造家庭进行回访。

图10 项目团队在改造前入户调研，记录老人的身体状况

图11 工地支设的临时卫生间，方便施工期间业主使用

## ▶ 总结

新加坡将适老化改造工作分为多个项目，每个项目又分别列出可选清单。这种工作方式在标准化流程之外，给了较大的个性化空间。此外，工作流程的完善、工作过程的细致，使得适老化改造不仅能够较好地匹配老人需求，也最大化避免了对老年人正常生活造成影响。

（执笔：张昕艺，郑远伟；编审：郑远伟）

**图片来源** 图1、图8、图9、图10、图11来自参考文献[2]；图2、图5、图6来自参考文献[4]；图3、图4来自参考文献[3]；图7来自参考文献[5]；
表1、表2数据引自参考文献[2]；表3数据引自参考文献[3]。

**参考文献** [1] Lift Upgrading Programme[Z]. [2020-11-24]. https://www.youtube.com/watch?v=VLl6rasYVa8
[2] Housing & Development Board. Home improvement programme (HIP)[EB/OL]. [2020-11-24]. https://www.hdb.gov.sg/cs/infoweb/residential/living-in-an-hdb-flat/sers-and-upgrading-programmes/upgrading-programmes/types/home-improvement-programme-hip
[3] Housing & Development Board. Enhancement for active seniors (EASE)[EB/OL].[2020-11-24]. https://www.hdb.gov.sg/cs/infoweb/residential/living-in-an-hdb-flat/for-our-seniors/ease
[4] Housing & Development Board. Lift upgrading programme (LUP)[EB/OL]. [2020-11-24]. https://www.hdb.gov.sg/cs/infoweb/residential/living-in-an-hdb-flat/sers-and-upgrading-programmes/upgrading-programmes/types/lift-upgrading-programme
[5] Housing & Development Board. Wheelchair lifter pilot scheme[EB/OL]. [2020-11-24]. https://www.hdb.gov.sg/cs/infoweb/residential/living-in-an-hdb-flat/for-our-seniors/wheelchair-lifter-pilot-scheme

# 介护保险支付的住宅改造
日本

**导读：** 日本为了更好地推广原居安老模式，将住宅改造纳入介护保险制度中，以法律条文的形式对住宅改造的类型、改造内容、支付额度等进行了规定。经过不断修正和完善，介护保险支付的住宅改造范围清晰、制度完备，市场上与之相关的住宅部品和工艺工法成熟。这些经验对居家适老化改造工作尚处于起步阶段的中国来说，具有重要的借鉴价值。

## ▶ 简介

20世纪末，日本为应对人口老龄化程度日渐提高带来的老年人照护问题，制定了介护保险制度，并于2000年正式施行。介护保险制度的一个核心理念是"自立支援"，即不仅要为老年人提供必要的服务，还应尽可能帮助老年人保持独立，培养其自立生活的意识。

介护保险支付的住宅改造正是践行这一理念的重要举措。对住宅进行必要的适老化改造，不管是对为老年人提供上门服务，还是对预防老年人介护等级提升，均具有重要意义。1997—2000年之间，日本政府先后颁布多个政策法规文件，明晰了介护保险支付下住宅改造的服务对象、支付限额、改造内容以及申请流程等，逐步形成当下的住宅改造制度。

## ▶ 服务对象和支付额度

住宅改造的服务对象主要是介护等级认定为"要支援1、2"或"要介护1~5"的老年人（65岁及以上）以及需要保障的非老年人群体（介护保险的参保人，患有包括如初老期认知症、脑血管疾患等16种特定疾病时可以申请）。

介护保险对每栋住宅的标准支付额度为20万日元，支付比例最多为九成（即每人最多可以报销18万日元，约合10500元人民币）。这个额度既可以一次性用完，也可分次使用。此外，考虑到部分申请者因搬家、身体条件改变等原因需多次改造住宅，介护保险规定，申请者搬家或者介护等级相对于第一次住宅改造时一次性提升三个阶段及以上时，可再次领取20万日元的支付额度（图1）。

※ 说明：介护阶段共分为六个阶段，与介护等级的七个等级相对应，其中"要支援2"和"要介护1"均为第二阶段。

图1　介护保险对住宅改造的支付额度变化示例

## ▶ 改造内容清单

厚生劳动省规定，介护保险支付的住宅改造主要包括以下6个方面：

（1）安装安全扶手

在走廊、卫生间、门厅、入户通道等位置安装扶手，起到安全防护和保持平衡等作用（图2）。

（2）处理地面高差

通过改造处理居室、走廊、卫生间、门厅、入户通道等各空间之间的地面高差问题。具体内容包括降低或消除门槛、设置斜坡、提升浴室地面高度等（图3）。

（3）对地面进行防滑处理

对居室、走廊、卫生间等空间的地面进行防滑处理或更换防滑材料，以达到防滑或方便移动的目标。

（4）更换或安装推拉门

将原本的平开门、折叠门更换成更适合老人使用的推拉门，以及更换更适合老人使用的门把手、质量更好的五金件等（图4）。

（5）更换坐便器

将蹲便器更换为坐便器，或根据老人的身体情况更改坐便器的位置和角度（图5）。需要注意的是，带有加热、水洗等功能的坐便器，以及能够通过辅具租赁或辅具购买得到的坐便器等，不在住宅改造的支付范围内。

（6）与改造内容相关联的必要改造工程

例如为安装扶手而对墙壁进行的加固、改造浴室地面或消除高差的过程中所伴随的排水设备改造、为更换地面材料而对地面基础进行的加固、为更换门而带来的对墙壁和柱子的改造、更换坐便器带来的给水排水工程（更换带水洗功能的坐便器带来的给水排水工程不在介护保险支付范围内），以及地面材料变更等，均属于相关联的必要改造工程。

（a）改造前　　　　　（b）改造后

图2　门侧安装安全扶手的案例

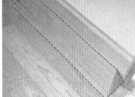

（a）改造前　　　　　（b）改造后

图3　室内设置斜坡消除门槛的案例

（a）改造前　　　　　（b）改造后

图4　入户门从平开门更换为推拉门的案例

（a）改造前　　　　　（b）改造后

图5　蹲便器更换为坐便器的案例

## ▶ 申请和实施流程

介护保险支付的住宅改造按照服务申请和实施，可以分为评估、设计、改造、跟进4个步骤，采取先评估后改造、先改造后报销的制度。

当申请人打算对住宅进行改造时，可提交住宅改造申请书（特殊情况下可以在改造工程完成后再补申请）、住宅改造必要性说明、工程费用估算单和住宅改造方案图示等文件，交给保险单位审核确定是否适合由介护保险支付。改造工程完成后，提交收据、住宅空间改造前后的对比照片等证明文件，保险单位核实无误后将支付相应的住宅改造费用。详细流程如图6所示。

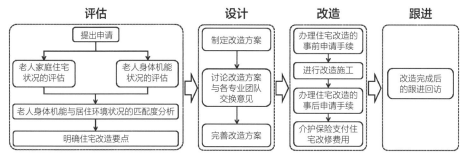

图6　介护保险支付的住宅改造实施流程

## ▶ 住宅主要空间的改造示例

住宅改造政策清晰的内容界定和完备的申请流程，带动了相关产业的发展。市场上与住宅改造相配套的住宅部品类型丰富，施工工艺工法成熟。此外，很多企业还以漫画或者照片的形式，展示了住宅主要功能空间的可改造内容、改造后方案以及改造注意事项，简明易懂、方便传播（图7、图8）。

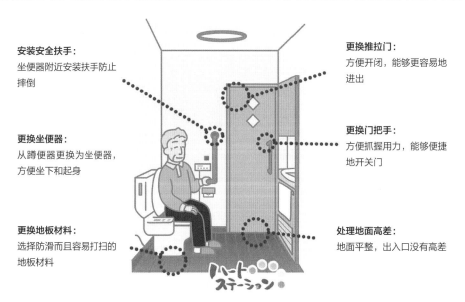

图7　介护保险支付范围内的如厕区改造示意

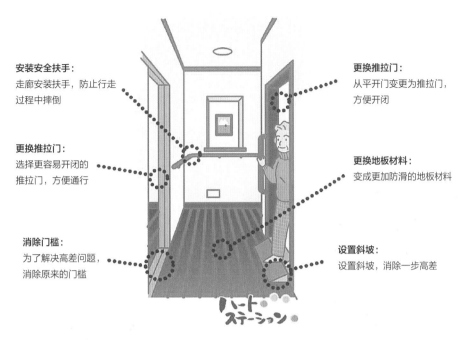

**安装安全扶手：**
走廊安装扶手，防止行走
过程中摔倒

**更换推拉门：**
选择更容易开闭的
推拉门，方便通行

**消除门槛：**
为了解决高差问题，
消除原来的门槛

**更换推拉门：**
从平开门变更为推拉门，
方便开闭

**更换地板材料：**
变成更加防滑的地板材料

**设置斜坡：**
设置斜坡，消除一步高差

图8 介护保险支付范围内的走廊改造示意

## 总结

　　日本介护保险支付的住宅改造是介护保险提供服务的重要组成部分，能够为老年人提供基础的适老空间环境，既方便为要介护的老年人提供居家照护服务，也能够有效降低老年人在家因意外事故带来的介护等级提高的概率。从介护保险制度整体来看，住宅改造介入早，相较于后期服务而言投入小、见效大，有效保障了日本"原居安老"模式的推广。

（执笔：郑远伟，范子琪；编审：郑远伟）

**图片来源**　图1、图6由作者根据厚生劳动省公开资料翻译、改绘；
　　　　　　图2来自マツ六株式会社官方网站，https://www.mazroc.co.jp/；
　　　　　　图3、图4、图5、图7、图8来自ハートステーション官网，https://www.heart-station.net/。

**参考文献**　[1] 厚生劳动省.介護保険における住宅改修[EB/OL]. [2021-07-07]. https://www.mhlw.go.jp/general/seido/toukatsu/suishin/dl/07.pdf
　　　　　　[2] 厚生劳动省.福祉用具·住宅改修に関する法令上の規程について [EB/OL]. [2021-07-07]. https://www.mhlw.go.jp/file/05-Shingikai-12301000-Roukenkyoku-Soumuka/0000094789.pdf,2021-07-07
　　　　　　[3] ハートステーション.廊下の住宅改修ポイント [EB/OL]. [2021-07-07]. https://www.heart-station.net/point/point_002/
　　　　　　[4] ハートステーション.トイレの住宅改修ポイント [EB/OL]. [2021-07-07]. https://www.heart-station.net/point/point_005/
　　　　　　[5] マツ六株式会社.バリアフリーリフォームのマニュアル [EB/OL]. [2021-07-07]. https://saas.actibookone.com/content/detail?param=eyJjb250ZW50ZW50TnVtIjoiMjYyOSJ9&detailFlg=0&pNo=1

# 宜居住房设计指南
澳大利亚

> **导读：** 老龄化程度的加深、失能人群规模的增长，使得住房的适宜性和无障碍性愈受关注。那么，在"原居安老"的愿景下，该如何帮助居住者设计适宜的"新家"或指导他们改造自己的"原居"呢？澳大利亚给出了一份这样的设计指南。

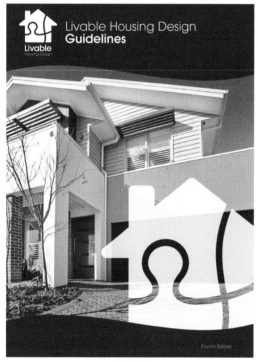

（a）封面

（b）封底

图1 《宜居住房设计指南》（第4版）封面和封底

## ▶ 案例简介

《宜居住房设计指南》（*Livable Housing Design Guidelines*）（以下简称《指南》）是澳大利亚第一个旨在将通用设计融入住宅设计当中的全国性设计倡议（非强制性设计指南）（图1），希望满足居住者在整个生命周期中不断变化的各类需求，为他们打造一个更安全、更舒适、更无障碍的居住环境。

《指南》共提供了银级（Silver）、金级（Gold）和铂金级（Platinum）三个等级的设计标准（图2），涉及住宅出入口、厕所、浴室、室内楼梯、厨房、窗台、地面等15类功能空间或空间设计要素。

图2 《宜居住房设计指南》三个等级设计标准的图标

## ▶《指南》的发展历程

2009年10月，澳大利亚住房行业协会、人权委员会、建筑师协会等15个团体组织召开了一场关于通用住房设计的全国对话（National Dialogue），提出了一个理想的目标——到2020年，所有的新建住房都要达到《指南》的最低标准。

2010年7月，《指南》正式发布。

2011年6月，对话成员同意成立澳大利亚宜居住房（Livable Housing Australia）组织，以更好地实现会上所提目标，推动宜居住房的落地。从2011—2014年，澳大利亚政府已为此累计投入100万元。

然而，2015年的回顾报告指出该指南推行状况的不尽如人意，2012—2014年只达到了5%的目标。这一状况反映当指南缺乏强制性时，即使市场上存在消费需求，住房开发商和建造商也不愿意为不确定的风险做出相应改变。

2017年，在澳大利亚政府委员会的支持下，建筑部长论坛指示澳大利亚建筑法规委员会（Australian Building Codes Board，ABCB）对住房无障碍纳入国家建筑法规进行法规影响分析（Regulation Impact Statement, RIS）。

2020年，建筑法规委员会面向公众发布了《法规影响声明的咨询（征集意见稿）》（Consultation RIS）。该咨询报告主要依据《指南》的"银级"标准、"金级"标准以及与各种利益相关者协商制定的"金级＋"标准来研究法规的设计。

预计2022年后，新建住房的无障碍设计要求将正式纳入澳大利亚的国家建筑法规中，并推行到各个州和领地。

这意味着作为法规修订重要参考的《指南》将在日后发挥越来越关键的作用，得到更多开发建造商和居住者的青睐。

## ▶《指南》的内容概要

《指南》中宜居住房的最低设计标准为银级，该等级包含住宅可达性、出入口、室内通道与走廊、厕所、浴室、浴室和厕所的墙体加固、室内楼梯等7类设计要素。

银级之上为金级，该等级除了对银级的7类要素设置了更精细化或更舒适性的标准以外，还补充了厨房空间、洗衣空间、首层（或入户层）卧室、开关和插座、门和水龙头的五金件等其他5类设计要素。

最高设计标准为铂金级，该等级在金级基础上进一步提高标准，并将家庭室（或起居空间）、窗台、地面等3类设计要素纳入考量，共涉及15类设计要素（表1）。

《宜居住房设计指南》三级标准的15类设计要素　表1

| | 要素 | 银级 | 金级 | 铂金级 |
|---|---|---|---|---|
| 1 | 住宅可达性 | √ | √ | √ |
| 2 | 住宅出入口 | √ | √ | √ |
| 3 | 室内通道与走廊 | √ | √ | √ |
| 4 | 厕所 | √ | √ | √ |
| 5 | 浴室 | √ | √ | √ |
| 6 | 浴室和厕所的墙体加固 | √ | √ | √ |
| 7 | 室内楼梯 | √ | √ | √ |
| 8 | 厨房空间 | | √ | √ |
| 9 | 洗衣空间 | | √ | √ |
| 10 | 首层（或入户层）卧室 | | √ | √ |
| 11 | 开关和插座 | | √ | √ |
| 12 | 门和水龙头五金件 | | √ | √ |
| 13 | 家庭室（或起居空间） | | | √ |
| 14 | 窗台 | | | √ |
| 15 | 地面 | | | √ |

## ▶《指南》的内容示例

表2展示了"要素2：住宅出入口"的设计要求。可以看到，银级标准对入户门的宽度、入户门区域地面的平整度、门前雨棚、门前休息平台、门槛设置等细分要素提出了明确、可量化的最低要求；金级在银级的基础上，提升了休息平台面积和入户门宽度这两个细分要素的标准；而铂金级则进一步提升了标准要求。整个《指南》的内容和形式呈现出精细、可裁量、不同等级标准层层递进的特征。

宜居性住宅设计要素2：住宅出入口的考核内容　　　　　　　　　　　　　　　　表2

| 要素 | 银级 | 金级 | 铂金级 |
|---|---|---|---|
| 住宅出入口 | a. 住宅入户门应该满足：打开后净宽不小于820mm，门前过渡区和门槛无高差（相邻表面的最大高差为5mm，且边缘圆滑或用斜面过渡），有合适的雨棚；<br>b. 入户门前到达侧应该提供至少1.2m×1.2m且在同一水平面上的休息平台，能够满足一个人安全站立、开门的需求；<br>c. 门槛超过5mm且小于56mm时，应设置斜坡；<br>d. 无高差的住宅出入口应该与要素1中的安全连续路径相连<br>注：入口应该满足国家建筑标准(NCC)中的防水、防白蚁要求 | 在银级基础上：<br>a.中入口最小门宽改为850mm；<br>b.中休息平台最小面积改为1.35m×1.35m | 在银级基础上：<br>a.中入口最小门宽改为900mm；<br>b.中休息平台最小面积为1.5m×1.5m |

## ▶《指南》的特色

《指南》的主要受众为普通居民，因此，《指南》除了要向他们普及宜居住房的设计理念以外，更重要的是帮助他们更好地识别新购住房的"宜居度"，或指导他们改造自己的现有住房。

### 特色1：设计要素按重要性从高到低排列

《指南》的15类设计要素按照"无障碍设计"的重要性从高到低排列，即越靠前的要素对空间无障碍水平的影响越大（表1）。因此，只涉及前7类要素的银级为最低标准，包含了所有要素的铂金级为最高标准。这样的排列可以帮助消费者实现"成本效益最大化"，"把钱花在最有效的地方"。

### 特色2：充分考虑功能空间多样性

解读各个设计要素时，《指南》充分考虑了住宅所处环境的多样性和住宅内部状况的复杂性，并尽可能地给出了相应的具体解决方案。例如，"要素4：厕所"中考虑到厕所有门内开和外开，单独布置坐便器、多样洁具混合布置等常见情况，分别给出了各种情况下的平面布局要求（图3、图4）。

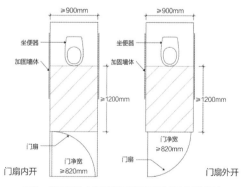

图3　坐便器独立布置的厕所平面布局要求（银级）

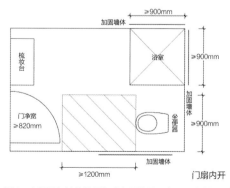

图4　坐便器与其他洁具集成布置的平面布局要求（银级）

**特色3：倡导"今天的设计亦能满足居住者明天的需要"**

《指南》引导消费者从居住的全生命期考虑设计问题，让他们意识到日后居住需求可能会发生改变，并提前在空间设计中打下改造的"基础"。例如，指南在"要素5：浴室"中提到了"淋浴房隔挡日后方便拆除"和"淋浴房布置在角落便于安装扶手"的问题；在"要素6：浴室和厕所的墙体加固"中强调了"浴缸、坐便器、淋浴房日后安装扶手"的可能性；在"要素9：洗衣空间"中谈到了"洗衣橱柜日后拆除时地面的完整性"问题等。

**特色4：图文并茂，易于理解，可操作性强**

考虑到《指南》的主要受众为住户，他们可能不能很好地把握阐述性文字，《指南》为每个要素匹配了相应的实景图或建筑图纸，既有助于住户形成更直接、更清晰的认知，也有利于他们按照这些可操作性极强的建筑图纸进行住房改造。

例如，在"要素6：浴室和厕所的墙体加固"一节中，《指南》按照壁砖和薄板两种加固材料，浴缸、坐便器（图5、图6）、浴室三类场景共给出6种加固方案，供住户根据具体的住宅情况进行选择，每一种都配备了相应的设计图纸；在"要素12：门和水龙头的五金件"一节中，《指南》用实景照片告诉了读者什么是"D"型门把手和杆式水龙头（图7、图8），便于住户识别和选购。

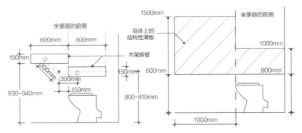

图5 墙体加固图纸——坐便器周边采用25mm厚以上的壁砖加固　图6 墙体加固图纸——坐便器周边采用12mm厚以上的薄板加固

图7 "D"型门把手图片示例　图8 杆式水龙头图片示例

## ▶ 总结

《指南》从提出的愿景、目标到具体的内容、呈现方式，都体现出深刻的人文关怀，从使用者的角度出发，兼顾专业性和普适性、严肃性和生动性，力求为消费者提供最实用、有效、简明、易懂的设计信息，推动宜居住房的普及和落地，让"今天的住宅也能满足居住者明天的需求"。

（执笔：梁效绯；编审：郑远伟）

图片来源　均来自参考文献[1]。

参考文献　[1] Livable Housing Australia. Livable housing design guidelines: 4th Edition[EB/OL].(2017)[2020-06-15]. https://livablehousingaustralia.org.au/wp-content/uploads/2021/02/SLLHA_GuidelinesJuly2017FINAL4.pdf
　　　　　[2] WARD M, BRINGOLF J. Universal design in housing in Australia: getting to yes[J]. Stud health technol inform, 2018(256): 299-306.
　　　　　[3] Australian Network for Universal Housing Design. Report on the progress of the national dialogue on universal housing design, 2010-2014[EB/OL].(2015-01)[2020-09-08]. https://aduhdblog.files.wordpress.com/2016/08/nduhd_report_jan15.pdf
　　　　　[4] Livable Housing Australia. Proposal to include minimum accessibility standards for housing in the NCC[EB/OL].(2020-07-08)[2020-09-08]. http://www.livablehousingaustralia.org.au/newsdetail/61/proposal-to-include-minimum-accessibility-standards-for-housing-in-the-ncc.aspx
　　　　　[5] Australian Building Codes Board. Accessible housing project overview, timeline and RIS explained[EB/OL]. [2020-09-08]. https://www.abcb.gov.au/Resources/Publications/Consultation/Accessible-Housing-Project-Overview-Timeline-and-RIS-Explained

# 住房适应性改造导则

美国

> **导读：** 让所有居住者住得安全又舒适，是住房适应性改造的愿景；而这一愿景的实现离不开个人、家庭和政府的共同努力。那么，如何将住房适应性改造的理念和方法传递给更多的人呢？美国给出了《住房适应性改造导则》来推动这一愿景的实现。

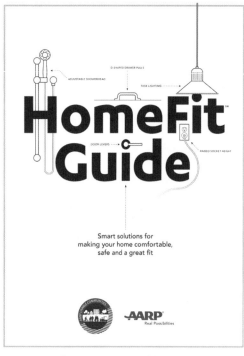

图1 《住房适应性改造导则》（第一版）封面

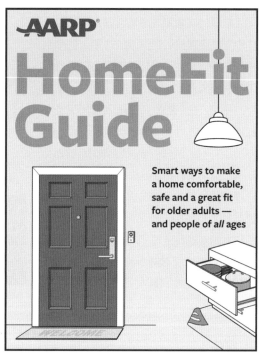

图2 《住房适应性改造导则》（第三版）封面

## ▶ 案例简介

　　《住房适应性改造导则》（以下简称为"《导则》"）是由美国退休人员协会[1]发布的一本兼具教育性和实操性的住宅改造手册。《导则》的第一版于2010年发布（图1），旨在帮助老年人改造自己的住房以实现原居安老；2020年更新发布了第三版（图2），将住房的适应性拓展到全龄人群，希望在住房的全生命周期都能让居住者住得安全又舒适。

　　《导则》主要面向两类群体，一是面向个人或家庭，向他们传递适应性改造的重要性和意义，并使他们能够借助导则进行住房适应性改造；二是面向政府官员或地方领导，希望借助他们的力量推动住房适应性改造的进程。

---

1　美国退休人员协会（AARP）是美国最大的无党派非营利组织，致力于赋能50岁及以上的群体，帮助他们选择适合自己年龄的住房。

## ▶ 特色1：内容编排层次简明，分门别类、易查阅

从目录来看，《导则》可分为三大方面、四个部分、十五小节，按照"引出问题""解读问题""解决问题"的逻辑进行编排（表1）。

首先，《导则》借助相关研究的数据或结论，阐释其编写的社会背景和重要性，即住房市场没有很好地适应近些年来美国居住模式的转变和快速老龄化的人口结构改变；继而引出《导则》的目的——契合多样且不断变化的居住需求，让人们拥有改造住宅的意识和能力，使得住房能够应对居住者的全生命周期，无论其年龄大小和身体状况健康与否，都尽可能地满足他们独立生活的需求；随后说明了《导则》以家庭为单位、以安全为核心、拥抱智能化趋势等三个特征（图3）。

然后，《导则》按照住宅中功能空间的位置，逐个解读可以让住房变得更加宜居的改造要点，包括出入口、门厅、厨房、餐厅、起居室、走廊和楼梯、卧室、衣橱、卫生间、洗衣区、车库、户外区域及公共空间等12个空间场景。

除此以外，由于"安全"是《导则》的核心改造理念之一，所以《导则》还对住宅内的安全问题进行了补充说明，涵盖了用水安全、舒适清洁、用火安全、宠物喂养、防欺诈等5个生活场景。

最后，《导则》将前述要点综合，形成了两份适应性改造清单，一份是个人简单易行版，一份是需他人帮助版，从易到难，让改造"循序渐进"，更容易被接受，且便于读者逐条"观察"住宅中的可改造要素，并付诸行动。

《导则》的整体内容概览　　　　　　表1

| 意图 | 章节标题 | 内容概况 |
| --- | --- | --- |
| 引出问题 | A "HomeFit" Home Fits People of All Ages<br>满足各年龄层需求的适应性改造住宅 | 编写原因、目的和理念 |
| 解读问题 | Entrances and Exits　出入口 | 按照住宅功能空间逐个解读改造要素 |
| | The Foyer　门厅 | |
| | The Kitchen　厨房 | |
| | The Dining Area　餐厅 | |
| | The Living Room　起居室 | |
| | Hallways and Stairways　走廊和楼梯 | |
| | The Bedroom　卧室 | |
| | Closets　衣橱 | |
| | The Bathroom　卫生间 | |
| | The Laundry Area　洗衣区 | |
| | The Garage　车库 | |
| | Outdoor Places and Shared Spaces<br>户外区域及公共空间 | |
| | Home Safe Home　住宅安全 | 按照住宅安全场景补充改造说明 |
| 解决问题 | Quick Fixes and Harder To-Do's<br>适应性改造清单：个人简单易行版及需他人帮助版 | 改造清单 |

Home Sweet Home
以家庭为单位

Home Safe Home
以安全为核心

Home Smart Home
拥抱智能化趋势

图3　《导则》编制的三个典型特征

## ▶ 特色2：空间解读框架清晰，深入浅出、易阅读

《导则》的第二部分是按照空间逻辑对改造要点进行解读，占比最大，也最为重要。根据空间属性、复杂度不同，每个空间的解读包含2~4种信息：必含空间概述和要点解读，选含使用场景详解和相关资料拓展（表2）。图4以起居室相关页面为例，展示了《导则》如何排布、组织、呈现各部分内容。

住房内各个功能空间适应性改造的解读内容概览　　　　表2

| 功能空间 | 要点数量 | 要点关键词 | 使用场景详解 | 相关资料拓展 |
|---|---|---|---|---|
| 出入口 | 10 | 雨棚或门廊、室外照明、入户门宽、猫眼、门锁、杆式门把手、可视门铃、门牌号、地垫、置物区 | — | 门锁类型及功能 |
| 门厅 | 5 | 置物台面、鞋柜、垃圾桶、墙面挂钩、坐凳 | — | 可访问及通用设计 |
| 厨房 | 15 | 吊柜、冰箱、柜体抓手、推拉架、双层烤箱、炉灶、开敞置物架、小家电、抽屉、任务照明、水龙头、热水器、垃圾桶、洗碗机、微波炉 | 收纳、坐姿工作 | — |
| 餐厅 | 3 | 厨房岛台或工作台面、吊扇、扶手椅 | — | 运餐小推车 |
| 起居室 | 8 | 高家具、暴露的电线、壁灯、回转空间、软垫凳或脚凳、家具边缘处理、窗户、地毯 | 电视导则、灯具开关 | 虚拟助手、灯泡选择 |
| 走廊和楼梯 | 11 | 双扶手、开关、夜灯、踏步、非光滑地面、螺丝钉、置物筐、链锁、电路、家具、地毯 | — | 家用电梯设置 |
| 卧室 | 13 | 灯具开关、特定置物区、高家具、窗户、活动感应灯或夜灯、自然光线、地毯、壁灯、电话、床、电子闹钟、手电筒、一氧化碳检测器 | — | — |
| 衣橱 | 9 | 椅子、嵌入式顶棚灯、衣柜灯、双层衣杆、地面、可调节搁板、搁板和网框、带抓手的轻质篮筐、踏步梯 | — | 减少衣橱混乱的方法 |
| 卫生间 | 14 | 坐便器、坐浴盆、抓手、回转空间、搁架、活动感应灯或夜灯、洗手池、水龙头、接地故障断路器、淋浴头、地垫、浴凳、无门淋浴区、地面 | — | 毛巾杆扶手杆 |
| 洗衣区 | 8 | 脏衣物滑槽、柜体、洗衣机或烘干机、棉絮圈、晾衣架、桌子、带轮洗衣筐、踏步工具及烟雾报警器 | — | 清洁间 |
| 车库 | 13 | 自动车库门、垃圾桶、电动控制仪表盘、工具悬挂处、活动感应灯、墙面控制器、灭火器、工作台、烟雾报警器、门锁、门槛、储藏架、停车警示牌 | — | 垃圾倾倒 |
| 楼前公共区 | 10 | 雨棚、自行车、座椅、垃圾桶、扶手、门口灯光、室外家具、外部通道、景观、步道照明 | — | 缓坡、租户权利 |

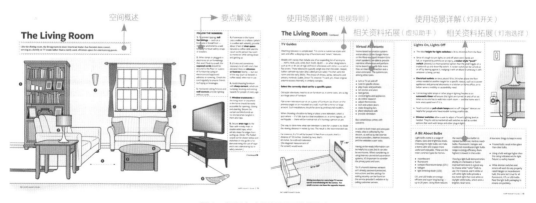

图4　起居室空间的页面编排解析

## ▶ 特色3：改造要点图文并茂，形象生动、易理解

为了向读者条理清晰、生动形象地传达空间的改造要义，《导则》采用了图文并茂的形式，让读者在图绘"实景"中观察、体会、理解改造内容；特别是在每个空间的要点解读部分，《导则》将改造要点的编号——标注在图片相应的位置，十分形象，易于理解（图5）。

图5 《导则》中厨房改造要点的解读与图片结合，易于理解

## ▶ 特色4：方案或技巧清单化，操作性强、易应用

《导则》的最后一部分为两份整合性的住房适应性改造清单，供读者逐条"核查"。每一条目前面有可以打钩的小方框，便于读者随时记录、勾画，提醒读者着手改造；并将要点整合归类为个人简单易行版和需他人帮助版（图6），让读者明晰改造的便捷度和专业性，非常人性化。

图6 住房适应性改造清单形式示例（需他人帮助版）

## ▶ 总结

美国《导则》在内容的编排层次和呈现方式上充分考虑了读者的阅读需求和理解能力，既起到了向大众普及住房适应性改造的意义和重要性的作用，又保留了具体内容的严谨性和说服力；将简单易行的处理方法以最直观的形式"传授"给读者，将专业性的改造内容以最清晰的方式"传递"给读者，让改造"有据可依"，真正做到了"授人以渔"。

（执笔：梁效绯；编审：郑远伟）

**图片来源** 均来自参考文献[1]。

**参考文献** [1] American Association of Retired Persons. HomeFit guide[EB/OL].(2020-08-12)[2020-09-17]https://www.aarp.org/livable-communities/housing/info-2020/homefit-guide-download.html

# 住宅无障碍改造在线指导网站
德国

> **导读：** 不同于政策引导或技术指南，德国住宅无障碍改造在线指导网站是一个面向大众的免费主题网站。该网站为老年人及其他需要无障碍改造的人群提供了一个便捷直观、经济实用、方便自主订制的科普、咨询及服务平台。

## ▶ 网站简介

图1　德国住宅改造在线指导网站首页

德国住宅无障碍改造在线指导网站（www.online-wohn-beratung.de）是德国无障碍生活协会（Barrierefrei Leben）的门户网站。德国无障碍生活协会创办于1987年，是一个非营利性组织，致力于帮助老年人、残疾人以及其他需要照护的人群尽可能独立地自主生活。

自1991年以来，德国无障碍生活协会一直通过运营位于汉堡市的技术援助和住房改造咨询中心，为希望进行无障碍改造的市民提供咨询和帮助。2005年，在社会资金的赞助支持下，德国无障碍生活协会建设了住宅改造在线指导网站，并逐步开展在线的免费咨询服务。该网站在住宅无障碍改造、日常生活辅具、家庭护理工具、经济援助补贴、产品展示等方面，每年为德国各地超过50万人群提供免费的解决建议及方案示例（图1）。

## ▶ 特色1：提供政策和资金援助支持

图2　无障碍改造的资金支持来源

德国住宅无障碍改造在线指导网站通过与德国联邦住房、联邦劳工和社会事务部等政府部门及建筑研究院、老年护理支援中心等机构密切合作，为用户提供专业有效的政策支持。

该网站还为用户详细介绍了多种获取无障碍改造及辅具购置的资金补贴渠道（图2），重点解释了通过健康保险及长护险获得资金援助的要求及途径，为寻求无障碍改造帮助的人群，尤其是老年人提供了有效且便捷的指导。

## ▶ 特色2：改造方案详细直观

　　该网站提供的住宅无障碍改造方案内容翔实，直观易懂。方案示例包括浴室和厕所、阳台和露台、窗户和窗帘、走廊和衣帽间、地板、房屋入口和门、厨房、卧室、楼梯和台阶、门和门槛、客厅共11个空间，每个空间又列出多个改造要点，详细说明了改造的参考标准、方法、注意点，改造前后的示例、补贴方式等。改造要点配有图片或视频，增强了可读性（图3）。

图3　浴室和厕所的21个改造要点枚举

　　图4为浴室和厕所的21个改造要点列表。针对浴室的无障碍改造，网站按平面类型和尺寸给出47种典型改造方案，详细分析了优缺点，并给出了布局的3D模型、效果图和部品配置建议。

图4　某浴室改造前后3D模型对比示例

## ▶ 特色3：有效衔接供需关系

　　该网站设置了产品展示模块，便捷地链接了供给侧和需求侧。网站提供了包括适老化及无障碍改造的设备部品（图5）、日常辅具以及护理工具等各类产品信息，罗列了不同商家及型号，用户通过网站可以直接链接到相关产品的制造商及经销商，根据需要自主选择。此外，用户还可以根据无障碍改造类型和居住地点，搜索就近的施工单位，使改造过程更为高效便捷。

图5　适老化及无障碍产品展示信息（部分）

## ▶ 总结

　　德国住宅无障碍改造在线指导网站是面向老年人及其他寻求无障碍改造帮助的人群的科普、咨询及服务平台。该网站不仅提供定制化的改造建议和直观易懂的方案示例，还给出了专业可靠的资金援助指南，同时有效链接用户需求和厂商产品供应，为住宅无障碍改造提供了综合解决方案。

（执笔：丁剑秋；编审：郑远伟）

---

**图片来源**　均来自www.online-wohn-beratung.de.

# 国内案例

# 支持自理老人独立生活的居家改造
中国·北京

> **导读：** 业主严奶奶已经86岁高龄了，日常生活尚能自理，平时独自居住在一套两室两厅的住房当中，家务活由小时工承担。女儿一家就住在隔壁，方便相互照应。入住十多年来，严奶奶能够一直安全便利地居家生活，得益于女儿为她家进行的适老化改造（图1~图3）。

图1　改造后的餐起空间能够共同观看电视

图2　改造后老人卧室与门厅间采用半透明隔墙并开窗

图3　改造后门厅处的换鞋柜方便老人在换鞋时保持身体平衡

## ▶ 住宅概况

| | |
|---|---|
| 地　　址 | 北京市海淀区清枫华景园社区 |
| 建成时间 | 2005年 |
| 改造时间 | 2007年 |
| 使用面积 | 74.2m² |
| 设计团队 | 清华大学建筑学院周燕珉工作室 |

## ▶ 居住者概况

| | |
|---|---|
| 年　　龄 | 86岁 |
| 性　　别 | 女 |
| 身体情况 | 健康，可自理 |
| 生活习惯 | 独居老人，喜爱种花种草、跳舞，日间有保姆短期照护 |

## ▶ 改造前情况

　　项目位于北京市海淀区清枫华景园，一栋21世纪初建造的两梯六户的高层塔楼之中，套型为两室两厅一卫，纯南朝向。住宅整体质量较好，改造前的基本条件如图4所示。

- 各功能房间由北侧走廊连通，储藏室及卫生间分别位于走廊东西两侧，由于户内不存在东西北向开窗，上述空间缺少采光，空间较暗

- 卫生间较为宽敞，存在后期无障碍改造的条件与空间

- 户内仅有的承重墙将卧室与客厅分隔开，其余均为非承重轻质隔墙，可改造空间较大

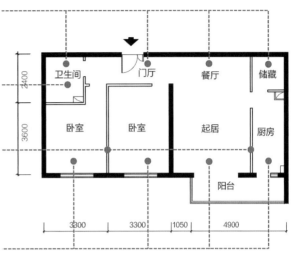

- 套型内厨房、客厅、卧室面积均衡，朝南一字排开，各房间采光较好，但各空间较为封闭，缺少联系

图4　改造前的户型平面图

## ▶ 改造内容清单

　　改造后的平面图纸如图5所示，主要从以下方面进行了改造方案的设计工作。

- 将卫生间门洞向南平移300mm，在门后留出置物空间

- 将原本向厨房开门的储藏间改为向餐厅开门

- 将厨房及储藏间与餐起空间的隔墙外移，为日后空间的改造预留可能

- 根据老人需求，选择小型、轻质、灵活的家具

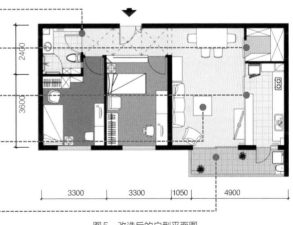

- 无障碍改造，包括在房门洞口及居室的设计中考虑轮椅的通行及转圈，调整开关插座高度，采用适老化照明，消除室内高差等

图5　改造后的户型平面图

## ▶ 特色1：光线设计

由于老人视力减退，对于室内照度要求较高，为了使室内的光环境更加健康，改造方案欲将自然光更多地引入室内（图6）：

**卫生间：** 原卫生间为暗卫，无外窗，自然采光与通风条件较差，改造中在卫生间坐便器与管井之间的墙面开设宽度为300mm的竖向长洞，嵌入下部穿孔的磨砂玻璃，通过南侧卧室的白墙反射将光线引入，让卫生间明亮、空气流通起来。

**门厅：** 将正对户门的卧室非承重墙改为玻璃隔断，并留有可开启窗扇，使门厅开阔敞亮，同时有利于室内通风。

**厨房：** 原厨房为一般的封闭式厨房，仅有南向门联窗洞口的采光，房间深处自然采光条件较差，改造中将厨房与起居室之间的轻质隔墙改为玻璃隔断及推拉门，使上午东南方向的进光由厨房射入起居室，下午西南方向的进光由起居室射入厨房，从而增加各自的光照时间。

图6 改造后套内空间的光线设计分析

## ▶ 特色2：视线设计

改造中对老人居室中的视线设计主要体现在两方面：

一是将厨房推拉门和储藏室入口之间的墙面设为镜面，利用镜面反射原理，使厨房、餐起、入口门厅处的视线互相照应，方便老人在起居室内观察到入户门处的情况。当老人坐在沙发上看电视时，若有人进门，老人无须起身即可通过镜面反射了解户门处的情况，避免了急忙起身时潜在的危险（图7）。

二是使餐起空间共用电视，一方面满足了老人边用餐边看电视的需求；另一方面，子女通常回家较晚，与老人的用餐时间存在偏差，借助这样的布置，子女可以边吃饭边与在起居室中的老人一起看电视、聊天，为子女与老人提供了更多的交流机会（图8）。

图7 借助镜面反射帮助老年人在起居室沙发处掌握门厅空间的情况

图8 就餐空间和起居空间都能看到电视

## ▶ 特色3：声音设计

　　除了视线交流外，声音交流对老人来讲也是十分必要的，因此本次改造中重点考虑了老人在居室中，特别是老人在卧室、卫生间等密闭性较强空间中声音交流的便利性。改造中将面对入户门的卧室隔墙改为玻璃隔断，并在其靠近卫生间的一侧留有可开启窗扇。窗扇开启后，两卧室间、卧室与卫生间之间的声音交流更为便利有效，大大增强了老人的心理安全感（图9）。

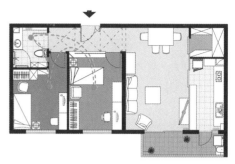

图9　改造后套内空间的声音设计分析

## ▶ 特色4：体贴周到的无障碍设计

　　本案例在针对老年人居室的无障碍设计中，大至居室空间环境，小至家居用品的细部，均进行了全方位的周全考虑。一方面方便老人的使用，鼓励老人在一定程度上生活自理，适量活动以减缓衰老；另一方面，一旦老人失去自理能力，需他人照护时，居室还能够提供相应的空间条件。依据无障碍设计的基本原理，结合老人的身体条件，在以下几个方面做了细致的设计（图10）：

**房间的门洞及过道的宽度利于轮椅通行：**
房门洞口净宽不小于850mm，家具之间过道宽度不小于900mm。门厅处为居室中的通行"枢纽"，将其过道净宽度设为1400mm，是考虑到轮椅直行或入户门呈开启状态时，过道富余的宽度还能允许一个人自由通过

**在居室的适当区域安排可供轮椅回转的空间：**
轮椅回转所需的最小空间直径为1500mm，在起居室、卧室中均为轮椅回转提供足够空间。门厅过道中将鞋柜下部架空300mm，宽度也能满足要求

**起居室、厨房及阳台相互连通：**
空间回路为老人的活动提供更多的动线选择，节约了家务劳动时间，更重要的是使轮椅的使用更为便利。轮椅只需前行、转弯，无须费力地后退和回转，即可由一个空间去往另一个空间，减轻了老人的负担

**室内开关插座高度调整：**
考虑到老人抬手和弯腰较为吃力，以及坐轮椅的老人适合的动作范围，开关高度由常规的1400mm下调至1200mm，插座高度由常规的300mm提高至600mm，书桌等处的插座高度提至桌面以上，以便老人使用

**在起居阳台大面积玻璃的人视高度粘贴防撞条：**
防止老人误撞
阳台、卫生间内部地面无高差：
与居室内其他空间交界处的高差保持在20mm以内，并采用斜面衔接、过渡

图10　改造后套内空间的无障碍设计分析

**阳台的细部设计：**
在阳台的端头约1200mm高度处设置横长镜面（此为老人坐于轮椅上的视平线高度），供使用轮椅的老人在阳台活动时能够方便地从镜中观察到身后的情况

## ▶ 特色5：灵活高效的储藏空间设计

　　老人往往不舍得丢弃旧物。当家中储藏空间不足时，一些不常用的物品会侵占其他功能空间，造成室内凌乱、老人行动不便。考虑老人的行动力和记忆力均会有所衰退，老人居室的储藏空间设计应遵循分类明晰、储量充足、就近布置、取放方便的原则（图11）。

① 门厅顶柜　　　　　　　　④ 门厅与卧室的隔断下部

② 卫生间门背部

⑤ 居室东北角的储藏室作为集中储藏空间

③ 坐便器附近　　　　　图11　改造后套内储藏空间的分布情况　　　　⑥ 阳台端头设储物柜

## ▶ 特色6：空间布局灵活可变

　　老人身体情况可能存在变化，因此老人的居室空间设计应预留一定的空间改造余地（图12）。

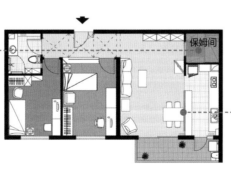

考虑日后老人需要保姆陪护的可能，空间设计时将储藏间作为备用，对其房间面宽进行拓宽，既适用于储物功能，又能保证一旦需要将其改造为保姆间时，能够放下一张单人床及其他必需的家具。

图12　套内空间后期改造的可能性分析

封闭式厨房的过道宽度通常不便于轮椅回转，当老人行动不便、需使用轮椅时，可将厨房与客厅间的玻璃隔断拆除，也可把餐桌设置在靠近厨房橱柜处，以方便老人传递菜肴等等。

## ▶ 特色7：灵活便利的家具选择

　　家具的精心选择与合理布置直接关系到老人日常生活是否简便易行、安全舒适，是老人享受较高生活品质的重要条件。

　　为使家具的体量和重量满足老人按自身需要随意变动其位置的需求，本案例在选择家具时进行家具适当小型化、轻质化，并保留了家具灵活布置的可能性。比如老人通常喜暖，常常随季节的变化调整座椅及床铺的位置，以便使老人更多地接受太阳照射。本案例中，沙发、茶几、电视柜均由可自由组合的独立小单元拼成，可根据老人的需要进行移动。下图列出了各空间家具选择与布置的一些细节（图13）：

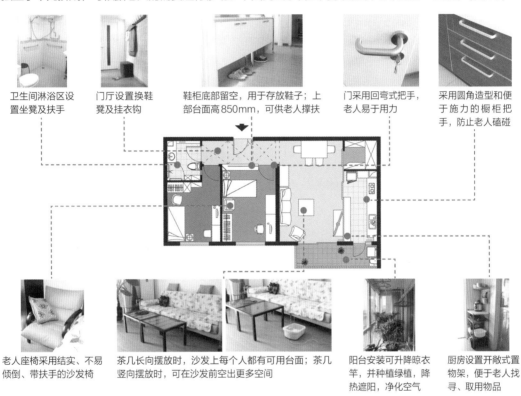

卫生间淋浴区设置坐凳及扶手

门厅设置换鞋凳及挂衣钩

鞋柜底部留空，用于存放鞋子；上部台面高850mm，可供老人撑扶

门采用回弯式把手，老人易于用力

采用圆角造型和便于施力的橱柜把手，防止老人磕碰

老人座椅采用结实、不易倾倒、带扶手的沙发椅

茶几长向摆放时，沙发上每个人都有可用台面；茶几竖向摆放时，可在沙发前空出更多空间

阳台安装可升降晾衣竿，并种植绿植，降热遮阳，净化空气

厨房设置开敞式置物架，便于老人找寻、取用物品

图13　改造后的套型内选择了小型化、灵便轻便的家具

## ▶ 总结

　　本项目是对老人居室进行的适老化改造，从光线设计、视线设计、声音设计三方面实现了对既有空间通透性的提升；通过储物空间的设计以及对空间可改造性的考虑，打造了高效、灵活、实用的居住体验；另外，大至居室空间环境，小至家居用品的选择与布置，均进行了全方位的无障碍设计与适老化思考，为老人打造了安全、舒适的居住环境。如今，房间的主人已在此居住了13年，根据回访，户内的适老化改造切实提高了老人的生活质量，改造效果得到了验证。

（执笔：张昕艺；编审：秦岭）

---

**图片来源**　所有图片均来自清华大学建筑学院周燕珉工作室。

**导读：** 这是一位95岁高龄老年人的居家适老化改造案例，服务团队在对其生活能力和家庭环境进行充分评估的基础上，制定了明确的改造原则，经过精细化设计和周密的组织协调，最终在老年人继续居住的情况下，仅耗费6小时就完成了全部改造，有效提升了老年人家庭的居住生活品质（图1~图4）。

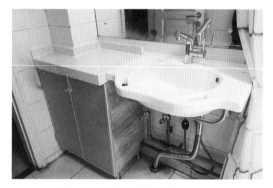

图1　改造后的主卫生间盥洗池

图2　改造后的厨房橱柜

图3　改造后的主卫生间全景

图4　改造后的次卫生间全景

## ▶ 住宅概况

| | |
|---|---|
| 地　　址 | 北京海淀区蓝旗营小区 |
| 建成时间 | 2000年 |
| 楼栋类型 | 高层塔式住宅 |
| 户型结构 | 三室两厅两卫 |
| 建筑面积 | 约124m² |
| 使用面积 | 约95m² |
| 设计团队 | 清华大学建筑学院周燕珉工作室、北京易享生活健康科技有限公司 |

## ▶ 居住者概况

| | |
|---|---|
| 常住人员 | 女性老人和住家保姆 |
| 女性老人 | 95岁高龄，退休大学教师，因身体机能衰退和跌倒事故造成腰部和腿部力量下降，需要借助助行架完成起坐、行走等动作 |
| 住家保姆 | 与老人同吃同住，照料生活起居 |
| 家庭成员 | 老人的两个女儿居住在附近，经常前来看望老人 |

为了明确现状条件和改造需求，服务团队首先对老年人及其家庭环境开展了细致的评估工作，具体涉及以下方面：

1. 老年人能力与居家活动表现评估

评估结果显示，老年人的腰部和腿部力量不足，需要使用助行架完成起坐和行走等动作（图5）。活动范围限制在主卫生间门口存在高差、内部空间较为拥挤，只设有浴缸没有淋浴，导致老年人进出较为困难，无法完成洗浴动作。

2. 家庭环境安全适用性评估

评估结果显示，老年人使用的主卫生间是现存问题最为集中的功能空间。此外，次卫生间和厨房也存在一定的问题，给住家保姆的使用造成了不便（图6~图9）。

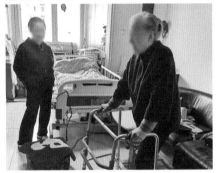

图5 服务团队对老年人能力和居家活动表现进行评估时的场景

图6 老年人住房的现状平面图

图7 次卫生间和厨房的现状问题分析

风道瓷砖脱落
次卫生间内杂物较多
坐便器故障
地漏返味

吊柜面板脱落
橱柜台面裂缝

主卫洗手池进深较大，通行空间宽度不足，老人使用助行架通行不便

主卫地面排水坡度不足，地面积水容易外溢

门洞净宽较小，刚能够容下老人使用助行架通过

主卫入口存在高差，老人出入容易被绊脚

图8 主卫生间的现状平面图

球形门把手突出较多，占用通行宽度且容易刮到衣服，存在安全隐患

主卫内仅设置浴缸，淋浴花洒和置物台位于浴缸内侧，不便于取用，老人无法在卫生间内洗浴

主卫坐便器后方的置物架陈旧老化，基本废弃

图9 主卫生间的现状问题分析

## ▶ 改造设计原则

**原则①　重点解决老年人的基本生理问题：** 满足老年人自主如厕、洗浴的使用需求；

**原则②　尊重老年人的意愿、理解老年人的困难：** 不能拆除浴缸，改造期间老年人不离开住房；

**原则③　解决照护者照料不方便的问题：** 改善厨房和次卫生间的条件，方便住家保姆使用。

→ **重点围绕老年人使用的主卫生间进行改造设计，兼顾厨房和次卫生间**

## ▶ 改造方案设计

### 1. 主卫生间的改造方案设计

根据需求评估结果，设计师针对老年人使用的卫生间提出了三个改造目标，并将其转译为具体的设计策略（图10）。经过初步设计和现场勘查（图11），形成了改造设计方案（图12）。

| **目标①**<br>方便老年人在卫生间内使用助行器移动 | **目标②**<br>创造条件使老年人能够在坐便器上实现自主洗浴 | **目标③**<br>保证老年人如厕洗浴时安全、顺利地完成起坐动作 |
|---|---|---|
| ✓ 更换进深更小的水盆<br><br>✓ 更换孔距更合适、可靠墙设置的坐便器<br><br>✓ 更换突出门扇更少的门把手 | ✓ 在坐便器附近设置置物隔板<br><br>✓ 改善坐便器附近区域的地面排水效果<br><br>✓ 在坐便器附近设置淋浴花洒支座 | ✓ 更换带有把手的水盆<br><br>✓ 在坐便器前方让出放置助行架的空间 |

图10　主卫生间的改造设计策略

图11　服务团队现场勘查卫生间的改造条件

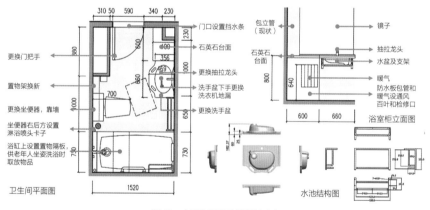

图12　主卫生间的改造设计方案

### 2. 次卫生间和厨房的改造方案设计

次卫生间的改造项目主要包括更换坐便器和地漏，修复风道瓷砖。

厨房的改造项目主要包括加固柜体、更换台面、更换变形的吊柜等。

### 3. 改造项目清单（图13）

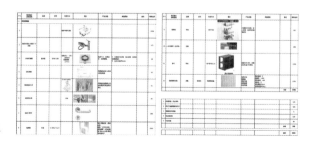

图13　服务团队制订的改造项目清单

| 序号 | 品牌名称 | 规格 | 数量 | 单价/元 | 合计/元 |
|---|---|---|---|---|---|
| 1 | 百叶门 | 扇 | 2 | 260 | 520 |
| 2 | 普通台面 | m | 2.7 | 580 | 1566 |
| 3 | 垫板 | m | 2.7 | 100 | 270 |
| 4 | 304水盆 | 套 | 1 | 560 | 560 |
| 5 | 加固拆除换拉手加带 | 组 | 1 | 500 | 500 |

## ▶ 施工前期准备

### 1. 与定制产品厂商确定深化设计方案

与橱柜厂商确定浴室柜和橱柜的设计方案，包括尺寸、材料选择和改造预算等（图14）。

### 2. 与大件成品供应商确定产品型号

与水池、坐便器等设施的供应商确定产品的尺寸和型号等（图15）。

### 3. 对小件成品进行选品和采购

对改造所需的地漏、挡水条、置物架、门把手等小件物品进行采购（图16）。

### 4. 制订改造施工时间安排

根据产品的加工和运输周期，制订改造施工的时间安排。为了将改造施工对老年人家庭日常生活的影响降至最低，服务团队将所有改造施工作业集中在了半天时间内完成。将耗时最长的定制柜的到位时间确定为改造施工日期，并以此为基准安排了其他产品的采购和调货时间（图17）。

### 5. 调集施工人员及物资

改造施工前，项目管理人员再次确认了各类物资的到位情况，并布置了人员和工作安排（图18）。改造施工当天，服务团队提前将物资运送至老年人家中（图19），以保证施工工作按时展开。

图14 橱柜的深化设计方案

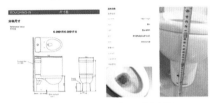

图15 坐便器型号与尺寸的选择

图16 改造所需要的小件物品

| 项目 | 10-26 | 10-27 | 10-28 | 10-29 | 10-30 | 10-31 | 11-01 | 11-02 | 11-03 | 11-04 | 11-05 | 11-06 | 11-07 | 11-08 | 11-09 | 11-10 | 11-11 | 11-12 |
|---|---|---|---|---|---|---|---|---|---|---|---|---|---|---|---|---|---|---|
| 橱柜、浴室柜 | | | 深化设计 | | | 确定方案 | | | | | | | | 加工制作 | | | | |
| 水池 | | | | | | | | | | | | | | 产品调货 | | | | |
| 坐便器 | | | | | | | | | | | | | | | | 产品调货 | | |
| 其他配件 | | | | 产品选品与订购 | | | | | | | | | | 产品到货 | | | | |
| 项目总体 | 确定改造方案 | | | | | | | | | | | | | | | | 项目沟通会 | 改造施工 |

图17 改造施工的时间安排

图18 微信群布置改造施工安排

图19 工作人员将物资运送至老年人家中

## ▶ 改造施工内容

**主卫生间**

√ 更换水盆及抽拉龙头  √ 更换置物架

√ 安装浴室柜  √ 安装浴缸置物搁板

√ 安装淋浴喷头插座  √ 更换水池角阀

√ 安装浴帘  √ 更换门把手

**厨房**

√ 更换上水角阀

√ 更换水龙头

√ 更换橱柜台面

√ 整修吊柜

**次卫生间**

√ 修补风道瓷砖

√ 更换坐便器

√ 更换防臭地漏

## ▶ 改造施工过程

　　经过周密的组织，各项改造施工工作得以有序展开。三组工人同时在主卫生间（图20）、次卫生间（图21）和厨房（图22）展开施工作业，有助于缩短工期，减少对老年人家庭的干扰。

　　现场也出现了一些突发情况，例如拆除水龙头后才发现原有角阀老化漏水已无法使用需要更换，但由于备有所需的工具和配件，问题得以迅速解决。最终仅历时6小时，就完成了所有施工工作。

1.拆除旧水池

2.确定新水池的安装位置

3.对柜体进行现场加工

4.安装柜体和水池

改造前的盥洗区

改造后的盥洗区

图20　主卫生间更换水盆和安装浴室柜的施工过程

改造中测量坐便器坑距

改造后更换的新坐便器

改造中加固柜体结构

改造后更新的橱柜台面

图21　次卫生间坐便器的改造施工过程　　　　图22　厨房橱柜的改造施工过程

## ▶ 改造效果

　　主卫生间改造后的效果如图23所示，老年人表示"空间品质得到了很大的提升"，可以自主使用助行器进出卫生间，并完成如厕、盥洗等动作，基本实现了预期的改造目标。

　　改造完成1年后，服务团队对老年人家庭进行了回访，老年人的身体状况保持得不错，依然可以正常使用卫生间。受到个人意愿的影响，在实际使用当中，老年人没有坐在坐便器上进行洗浴，但浴缸上增设的置物搁板发挥了作用，被用于放置脸盆等物品，方便了老年人和保姆的使用（图24）。

图23　主卫生间改造后的效果　　　　　　　　　　　图24　改造完成1年后主卫生间的使用情况

## ▶ 总结

　　作为高龄失能老年人居家适老化改造的典型案例，本案例取得的以下经验值得参考借鉴。

　　**关注老年人最基本的需求：**居家适老化改造应优先满足老年人最基本的需求，采用针对性、轻量化的改造策略，不要轻易扩大"战场"，以免给改造的组织实施带来不必要的麻烦。例如，本案例就聚焦在了老年人使用的卫生间上，重点满足了老年人自主如厕和洗浴的需求，而没有对闲置的卧室等空间给予关注，将改造项目控制在了合理的范围之内，满足了老年人最基本的生理需求。

　　**兼顾老年人与照护者：**居家适老化改造不仅需要考虑到老年人的使用需求，还应该照顾到照护者的感受。例如在本案例中，除了对老年人使用的卫生间进行改造之外，还对厨房和次卫生间进行了改造，使保姆拥有了更好的工作和生活环境，这对于提升照护服务的质量和效率也是非常有意义的。

　　**加强改造施工的组织管理：**与一般的家庭装修工程不同，居家适老化改造大多需要在老年人继续居住在现有住房的情况下组织实施。为了尽可能减少对老年人家庭日常生活的影响，需要做好充分的前期准备工作，科学、紧凑地安排施工工期、调配资源。例如，在本案例当中，经过周密的组织管理，服务团队仅用6小时就完成了全部的改造工作，极大地方便了老年人家庭的生活。

　　**重视服务的价值：**居家适老化改造的价值不仅体现在硬件的设施设备层面，还体现在改造与之相配套的软件服务层面，包括改造前对老年人能力的评估、改造期间对老年人家庭的安置，以及改造之后的调查与回访，等等，这些工作内容同样具有非常重要的价值，需要给予重视。

（执笔：秦岭，丁剑秋；编审：秦岭）

---

**图片来源**　全部来自清华大学建筑学院周燕珉工作室、北京易享生活健康科技有限公司。

# 适应老年夫妇生活习惯差异的居家改造
中国·北京

> **导读:** 夫妇二人共同生活,需应对生活习惯等方面的差异;特别是进入老年之后,加强照应、促进交流、减少矛盾的需求更加迫切。如何为性格和习惯迥异的夫妇二人打造"独立而安全"的生活空间呢?本项目就是个典型的例子(图1~图3)。

图1 住宅客餐厅实景

图2 从客厅望向阳台

图3 从餐厅望向厨房和工作间

## ▶ 住宅概况

| | |
|---|---|
| **地　　址** | 北京市丰台区草桥欣园社区 |
| **购房时间** | 2001年 |
| **上次装修时间** | 2002年 |
| **改造时间** | 2019年 |
| **建筑面积** | 138m² |
| **户型结构** | 三室两厅两卫 |
| **设 计 师** | 陆静 |

## ▶ 居住者概况

夫妻二人常住,其中:

女性老人73岁,性格活泼开朗,爱好旅行,朋友多、善交际,爱喝茶晒太阳;晚间有起夜,使用卫生间次数多。

男性老人73岁,性格沉稳安静,爱好无线电,需有个人工作间;生活较规律,早睡早起,夜间起夜不多。

## 住房在改造前存在的问题

夫妇二人已在这套住宅（图4）中居住十几年，随着时间推移，存在不少空间使用方面的问题：

1.现有卧室格局根据夫妇二人分房就寝之前的使用状态布置，与目前分房就寝之后的使用需求不匹配，空间未得到合理利用。

例如，女性老人就寝只需要一张单人床，目前双人床的半边被用于堆放杂物；而男性老人的床靠内侧布置，日照和采光效果不佳。

2.男性老人喜欢手工操作，女性老人需要念经礼佛，二者共用北侧卧室，容易相互干扰；同时，北侧卧室兼作公共储藏室，功能混杂，使用需求没有得到很好的满足（图5）。

例如，男性老人的工作台面及设备器材存放空间严重不足，女性老人从各地带回的旅行纪念品无处存放等。

3.夫妇二人在家中日常活动的内容、时间和空间重叠较少，缺乏彼此间的交流和照应。

例如，男性老人负责做饭，女性老人负责洗碗；非用餐时段，男性老人在北侧卧室进行手工操作，女性老人则多在客厅看电视或在阳台晒太阳。

4.储藏空间缺乏系统规划，杂物混乱堆放在台面和地面上，既影响通行，又不易查找（图6）。

5.次卫生间面积较小，却承担了男性老人如厕、公共淋浴和洗衣等多种功能；而主卫生间面积较大，本用于女性老人如厕和泡浴，但浴缸拆除后仅用于堆放杂物，未得到妥善利用（图7）。此外，女性老人喜欢日本整体淋浴房，需要泡浴、泡脚空间。

6.原有门厅过于封闭狭小，无法布置鞋柜，鞋随意摆在地面上，既不整洁又不美观；入户门视线正对次卫生间，导致次卫生间门长期关闭，户型中部自然采光效果不佳（图8）。

此外，住房还存在水电管线老化、设施设备失效、使用功能滞后等问题。

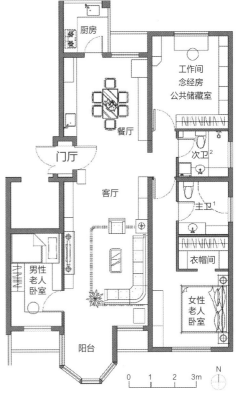

1 主卫主要供女性老人使用

2 次卫主要供男性老人使用，同时用于双方淋浴和洗衣

图4 改造前平面图

图5 男性老人工作台面不足　　图6 储藏空间匮乏无序

图7 浴缸拆除后用于堆放杂物　　图8 入户区域采光不足

√ 调整夫妇二人的卧室格局：改变男性老人卧室门和床的位置，压缩女性老人卧室面积、更换床型
并调整家具布局；

√ 分离男性老人的工作间和女性老人的念经礼佛空间；

√ 调整部分功能空间的位置关系：餐厅南移与客厅合并，男性老人工作间移至原餐厅区域，厨房移
至原西厨餐厅区域，洗衣空间独立设置在原厨房区域；

√ 重新规划收纳系统，去掉集中式衣帽间，将男性老人物品、女性老人物品和公共物品的储藏区分
散布置，并增设专门的储藏设备间；

√ 优化卫生间的功能布局：独立设置男性老人卫生间，将淋浴区从次卫生间移至主卫生间，并增设
浴缸；

√ 门厅内置，布置鞋柜，增设镜子，通过镜面反射改善入户区域采光效果和视线联系；

√ 使储藏室采光窗正对入户门，改善户型中部空间的自然采光效果。

改造后平面图，如图9所示。

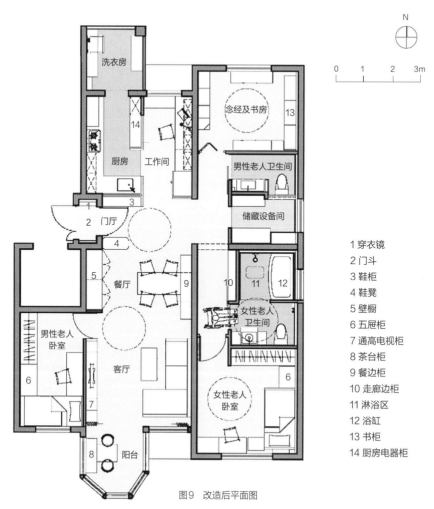

1 穿衣镜
2 门斗
3 鞋柜
4 鞋凳
5 壁橱
6 五屉柜
7 通高电视柜
8 茶台柜
9 餐边柜
10 走廊边柜
11 淋浴区
12 浴缸
13 书柜
14 厨房电器柜

图9 改造后平面图

## ▶ 特色1：功能空间布局兼顾男、女性老人的独立性和互动性

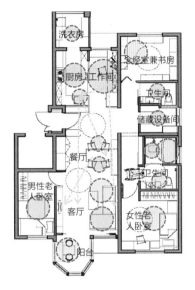

图例：<--> 视线

⊘ 女性老人常用区域

⊘ 男性老人常用区域

N

0 1 2 3m

图10 功能空间的位置关系及空间视线设计

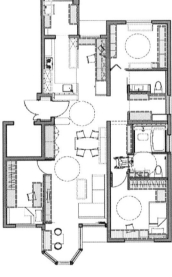

图例：▢ 公共物品收纳

▨ 女性老人收纳区

▨ 男性老人收纳区

N

0 1 2 3m

图12 收纳系统的规划

居住在这套住宅当中的老年夫妇二人在性格、兴趣爱好、生活习惯、家务分工等方面有较大的差异，因此他们常用空间的类型、使用方式和使用需求也各不相同。改造方案设计既需要照顾到他们对独立、个性化功能空间的使用需求，又需要为促进他们的交流互动创造条件。

设计师将双方的兴趣空间从共用房间中分离出来，其中，女性老人的念经空间仍位于北侧卧室内，兼作书房，营造更安静的空间氛围；而男性老人的工作间则外移到了原来餐厅的位置，同时将厨房挪至西厨，并设置玻璃隔断，加强厨房区域的通透性，使男性老人主要活动空间——厨房及工作间均从原先的封闭空间挪至公共区域，一方面让在客厅或阳台活动的女性老人随时可以看到对方，加强视线交流，另一方面促进本来比较孤僻的男性老人尽可能多地和女性老人交流（图10、图11）。

图11 客、餐厅看向厨房和工作间

另外，设计师将餐厅向南移动到了与客厅相连的位置，并将餐桌与沙发同侧布置，使得夫妇二人用餐时也能看到电视。

在收纳系统的规划上，设计师一改原先双人混用的状态，将收纳空间划分为三类，分别用于存放女性老人、男性老人和家庭公共的物品，并结合空间功能和特征分区布置，既保证了个人储藏空间，又满足了公共储藏需求（图12、图13）。

图13 收纳壁橱

▶ **特色2：重视居住空间的可变性**

虽然老年夫妇目前仍处于健康自理阶段，但一段时间之后很可能进入需要护理的阶段。因此，设计师在改造方案的设计当中充分考虑了空间可变性，为老年人的身体变化预留了灵活调整的可能性（图14~图17）。

在卧室的改造设计中，设计师对家具配置和开关插座点位布置进行了精心考量，在无须更换家具，仅对布局进行调整的情况下，居室格局即可实现自理阶段和护理阶段之间的灵活转换（图18）。

在卫生间的改造设计当中，设计师充分考虑了过道和门洞的宽度，使其能够满足轮椅通行和回转的空间需求；干湿区之间采用轻质隔断，湿区选用装配式浴室，方便日后进行格局调整和构件拆改（图19）。利用居室内的地暖和装配式卫生间的架空地面平衡卫生间室内外高差（图20）。坐便器和水池采用同层后排水技术，使用特有材料降低管路维护成本，地面完全留空无死角，方便老年人清洁打扫。

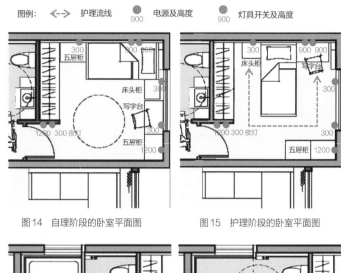

图14 自理阶段的卧室平面图 　　　图15 护理阶段的卧室平面图

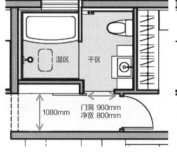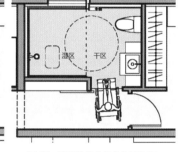

图16 自理阶段的卫生间平面图 　　　图17 护理阶段的卫生间平面图

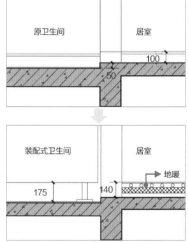

图18 自理阶段的卧室实景 　　图19 自理阶段的浴室实景 　　图20 卫生间室内外高差的处理方式

## ▶ 特色3：巧妙借助家具的选型与布置实现"扶手"功能

随着身体机能的衰退，老年人会不可避免地出现行动不便的情况，即便不需要借助轮椅、助行器等辅助器具，也需要在移动的过程中抓扶或倚靠一些固定的物体，用以借力或保持身体平衡。然而，不少老年人将安装扶手视为身体机能衰退的"信号"，对其抱有抵触心理，认为既不美观又占用空间。

为了给老年夫妇营造安全的居家环境，满足他们日常活动的需求，同时照顾到他们的自尊心，设计师通过合理的家具选型与布置，实现了"扶手"的功能。

例如，在门厅处，设计师选用了一侧带有小方几的换鞋凳（图21），小方几既可供老年人放置随身物品，又便于他们在起坐时撑扶借力。

在女性老人卧室的过道空间，设计师布置了一组边柜，其台面高度与供站姿使用的水平扶手高度正好相当，既可以充当旅游纪念品的展示区，又能够起到"扶手"的作用（图22）。

图21 带有小方几的换鞋凳方便老年人起身

图22 卧室过道空间的边柜兼具扶手功能

在客厅，设计师选用了高度较高的茶几，老年人无须弯腰即可轻松取放茶几上的物品，起立和坐下时也可依靠台面撑扶借力。茶几台面边缘微微翻起，既能有效避免物品掉落地面，又便于老年人抓握（图23）。同样的设计理念还被设计师运用到了卧室床头柜的设计当中（图24）。

图23 高度稍高、有翻边设计的茶几方便老年人取放物品和撑扶借力

图24 高度稍高、有翻边设计的床头柜更方便老年人使用

## ▶ 总结

在本案例的改造方案设计当中，设计师充分考虑了老年夫妇二人差异化的性格特点和生活习惯，通过合理调整功能空间和家具的布局方式，较好地平衡了二人生活空间的独立性与互动性，实现了空间利用方式的灵活可变。此外，设计师还巧妙借助家具实现了"扶手"的功能。改造成果较好地实现了设计目标，这离不开设计师对老年人日常生活的悉心观察，以及对他们身心需求的深入分析，工作方法值得学习和借鉴。

（执笔：梁效绯；编审：秦岭）

---

**图片来源**　所有图片均由建筑师陆静提供。

# 综合提升居住品质的居家适老化改造
中国·北京

> **导读：** 本项目中，设计师基于对住户生活习惯和使用需求的深入调研，调整了原住宅户型的功能流线，增加了收纳空间，升级了水、电、暖、燃气等生活设施，并翻新了门窗和墙面等，使整个住宅更适宜老年人居住（图1~图4）。

图1 改造后的餐厨空间更加宽敞

图2 改造后的客厅与老年人卧室通过推拉门相连

图3 改造后的门厅空间

图4 改造后的餐边柜

## ▶ 项目概况

**地　　址** 北京市东城区

**建成年代** 20世纪80年代

**改造时间** 2019年

**楼栋形式** 一梯两户12层剪力墙结构板式住宅

**户型所在楼层** 10层

**建筑面积** 109m²

**户型结构** 南北通透的三室两厅

**设计团队** 中国建筑标准设计研究院有限公司、
日本综合住生活株式会社

## ▶ 住户行为习惯分析

在进行改造设计之前，设计团队对老年人及其家庭成员的行为习惯进行了调研和分析。住房的主人是一位82岁左右的女性老人，与其女儿和女婿共同居住。由于女儿、女婿平时需要外出上班，老人独自居家生活的时间更多，且活动范围较大。客厅空间、老人卧室及南阳台是老年人的主要活动场所，也是本次适老化改造的重点空间（图5）。

| 活动内容 | 活动空间 | | 6:00 | 7:00 | 8:00 | 9:00 | 10:00 | 11:00 | 12:00 | 13:00 | 14:00 | 15:00 | 16:00 | 17:00 | 18:00 | 19:00 | 20:00 | 21:00 | 22:00 | 23:00 | 0:00 | 1:00 | 2:00 | 3:00 | 4:00 | 5:00 |
|---|---|---|---|---|---|---|---|---|---|---|---|---|---|---|---|---|---|---|---|---|---|---|---|---|---|---|
| 吃饭 | 餐厅 | 夏季 | | | | | | | | | | | | | | | | | | | | | | | | |
| | | 冬季 | | | | | | | | | | | | | | | | | | | | | | | | |
| 看书听广播 | 卧室 | 夏季 | | | | | | | | | | | | | | | | | | | | | | | | |
| | | 冬季 | | | | | | | | | | | | | | | | | | | | | | | | |
| 散步健身 | 小区 | 夏季 | | | | | | | | | | | | | | | | | | | | | | | | |
| | | 冬季 | | | | | | | | | | | | | | | | | | | | | | | | |
| 睡觉 | 卧室 | 夏季 | | | | | | | | | | | | | | | | | | | | | | | | |
| | | 冬季 | | | | | | | | | | | | | | | | | | | | | | | | |
| 晒太阳 | 南阳台 | 夏季 | | | | | | | | | | | | | | | | | | | | | | | | |
| | | 冬季 | | | | | | | | | | | | | | | | | | | | | | | | |
| 种花 | 南阳台 | 夏季 | | | | | | | | | | | | | | | | | | | | | | | | |
| | | 冬季 | | | | | | | | | | | | | | | | | | | | | | | | |
| 看电视 | 客厅 | 夏季 | | | | | | | | | | | | | | | | | | | | | | | | |
| | | 冬季 | | | | | | | | | | | | | | | | | | | | | | | | |

夏季 ▮  冬季 ▮

图5　老人生活习惯作息表

## ▶ 改造前存在的问题

改造前，住宅存在的不适老问题主要体现在以下方面（图6）：

√ **功能空间缺失：** 缺少洗衣机和洗手盆的设置空间。

√ **动线组织混乱：** 就餐空间不静定，客厅、餐厅与卧室之间的流线相互干扰。

√ **设施设备陈旧：** 厨房、卫生间等空间管线陈旧老化，故障频发，影响正常使用。

√ **收纳空间不足：** 门厅、卫生间、卧室和阳台等功能区的收纳空间不足，缺乏系统规划。

√ **适老设施缺失：** 厕所、淋浴间等空间缺少安全助力扶手等适老化设施。

门厅　　过厅　　厨房　　卫生间　　老人卧室

客厅　　淋浴间　　南阳台　　北阳台　　夫妇卧室　　保姆卧室

图6　改造前住宅主要功能空间的情况

## ▶ 改造思路和目标

针对上述问题，结合住户生活习惯，设计团队确定了以下改造思路和目标：

√ **空间功能分区的优化调整：** 通过对住宅平面布局的优化调整，完善使用功能，疏导交通动线，以更好地满足老年人家庭的使用需求。

√ **住宅收纳空间的系统规划：** 通过对功能分区和定制家具的精细化设计，扩展收纳空间并提高其利用效率，以满足老年人家庭的物品收纳需求。

√ **基本生活设施的升级改造：** 对水电管线、照明系统、家用电器、门窗构件和界面材料等基本生活设施进行全方位升级改造，以改善老年人家庭的居住生活品质。

√ **适老辅具设施的安装配置：** 综合应用扶手、浴凳、夜灯、紧急报警器等适老辅具设施，保证老年人居住生活的安全便利。

## ▶ 特色 1：优化功能分区，疏导交通流线

在平面布局层面，设计师主要针对门厅、餐厨、客厅和淋浴间这四处空间进行了功能分区和交通流线方面的优化设计，改造内容如下（图7）：

① **门厅空间：** 调整夫妇卧室门的位置，扩大门厅面积，完善储藏功能。

② **餐厨空间：** 设置开敞式厨房，延长操作台面，整合电器设备，扩展厕所面积，划分独立用餐空间，疏通门厅通往其他空间的流线。

③ **客厅空间：** 调整家具位置，优化平面布局，调整老人卧室入口，减少客厅活动对老人休息的干扰。

④ **淋浴间：** 拆除浴缸，设置盥洗区和淋浴区，形成明确的干湿分区。

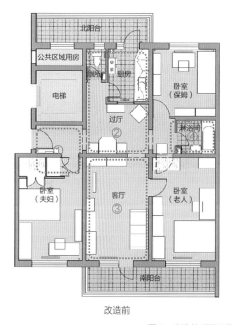

改造前

改造后

图7　改造前后平面图及功能分区改造情况分析

## ▶ 特色2：升级设施设备，改善居住品质

由于住宅建成年代较早，屋内设施设备大多年久失修，亟待更新。鉴于此，本次改造对包括强弱电系统、给水排水系统、燃气系统和电器设备在内的基本生活设施进行了整体升级，具体涉及以下内容。

√ **优化管线排布：** 对电路、上下水管道和燃气管道进行了更换和梳理，更新后的水电管线全部布置在了吊顶空间和隔墙夹层内，采用隐藏式设计，并充分考虑了后期维修和改造的便利性（图8）。

√ **增补水电点位：** 根据家具和电器设备的布置需求，调整上下水点位，补充电源插座和照明灯具点位。

√ **升级设施设备：** 更新洁具、烟机灶具、照明灯具、开关插座面板、空调新风系统等设备，增设前置过滤器、软水器、净水机等水净化装置（图9）。

√ **更新围护构件：** 更换门窗，更新墙、地面材料（图10）。

改造后，住宅的适用性和舒适性得到了大幅提升，给老年人的日常生活带来了便利。

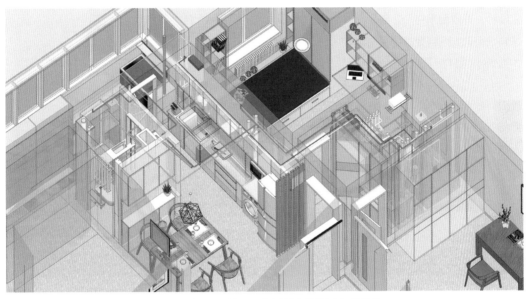

图8　改造后吊顶空间和隔墙夹层内的管线布置三维模型

图9　改造后的卫生间更换了新的洁具设施

图10　改造后的北阳台更换了外窗

改造前，老年人家庭收纳空间严重不足，物品杂乱堆放占用通行空间，存在安全隐患。针对这一问题，设计团队在充分掌握老年人家庭生活物品收纳需求的基础上，对住宅的收纳空间进行了系统规划。设计遵循"就近收纳"的原则，采用分散与集中相结合的手法，根据住宅中各功能空间的收纳需求，对定制家具进行了精细化设计，高效利用空间，使整套住宅的收纳容量得到了大幅提升（图11~图15）。

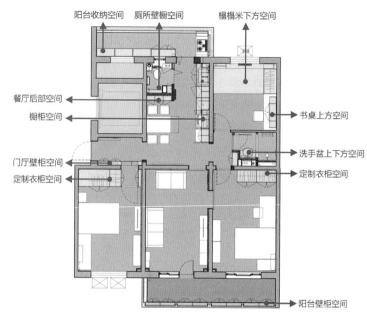

阳台收纳空间　厕所壁橱空间　榻榻米下方空间

餐厅后部空间

橱柜空间

门厅壁柜空间

定制衣柜空间

书桌上方空间

洗手盆上下方空间

定制衣柜空间

阳台壁柜空间

图11　改造后住宅收纳空间的分布图

图12　入户空间的定制门厅柜

图13　餐厨空间的定制橱柜和餐边柜

图14　次卧室的定制榻榻米和储藏柜

图15　南阳台的壁柜收纳空间

### ▶ 特色4：设置适老辅具设施，便利老年人生活

改造中，设计团队配置了相应的适老辅具设施，保证了老年人居住生活的安全便利，具体体现在以下几个方面。

√ **安装紧急呼叫设备：** 在客厅、老人卧室、淋浴间等空间安装紧急呼叫设备。老年人发生危险时可及时触动报警按钮，向家人寻求帮助（图16）。

√ **设置"隐形"扶手：** 定制家具兼具扶手功能，在方便老年人撑扶的同时兼顾美观（图17）。

√ **保证无障碍通行：** 客厅与老年人卧室之间通过推拉门相连接，卫生间入口处采用缓坡化解门槛高差，方便老年人通行（图18）。

√ **应用适老产品设施：** 通过设置折叠式换鞋凳、浴凳、安全助力扶手、抽拉式水龙头等适老化产品，为老年人的日常生活提供便利（图19~图21）。

√ **考虑夜间安全照明：** 在老年人卧室通往卫生间的路线沿途设置夜灯，避免老年人起夜时跌倒。

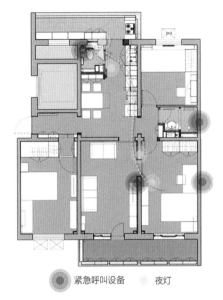

● 紧急呼叫设备　　● 夜灯

图16　住宅中夜灯和紧急呼叫设备的分布示意图

图17　沿过道墙面设置的置物架兼作扶手

图18　淋浴间内外通过缓坡过渡

图19　卫生间设置智能坐便器和墙面扶手

图20　淋浴间设置浴凳

图21　门厅空间安装折叠换鞋凳

### ▶ 总结

本项目围绕老年人的行为特点和居住习惯，从空间布局、功能流线、设施设备、界面材料等方面对住宅空间进行了全方位的改造。改造后的住宅空间格局通透、流线顺畅，设施设备焕然一新，收纳空间充足，而且充满了温馨细腻的适老化细节，使老年人的生活更加安全、舒适。

（执笔：武昊文；编审：秦岭）

**图片来源**　均来自中国建筑标准设计研究院有限公司。

**参考文献**　[1] 王健，杨璐.既有住宅绿色适老化改造技术探索：以安德里北街23号院住宅项目为例[J].建筑技艺,2019(10):54-59.

# 大栅栏"共享院"及适老化改造样板间

中国·北京

**导读：** 本案例位于北京大栅栏地区的一户四合院内，服务机构利用院落中腾退出的房屋，打造了一户适老化改造样板间，并设置了院落共享的配套设施，为历史文化街区内住房的有机更新和适老化改造提供了示范样板（图1~图5）。

图1 样板间睡眠休息区实景

图2 样板间收纳展示区实景

图3 样板间用餐交流区实景

## ▶ 住宅概况

**地　　址**　北京市大栅栏取灯胡同12号

**建成时间**　2019年11月

**院落占地面积**　200m²

**样板间面积**　19.5m²

**共享空间面积**　11.7m²

**设计团队**　北京大栅栏投资有限责任公司、
　　　　　　北京易享生活健康科技有限公司

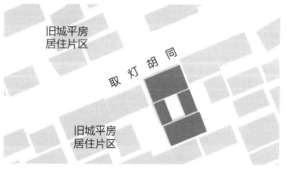

图4 项目区位图

## ▶ 改造前情况

本项目位于北京市西城区大栅栏街道杨梅竹地区，是北京市仅存的成规模平房四合院区之一，不允许拆除重建，为改造提出了新的难题：

1. 户内居住使用面积紧张。改造前，院内有活力老人家庭一户、介助老人家庭一户、高龄老人家庭一户，户均建筑面积20m²，人均住房面积8.7m²，空间不足。

2. 公共空间品质低。院内杂物堆积，道路不平整，入院两处违建影响院落环境和出行通道，导致现在院落内复杂多样，不方便老人日常活动与通行（图6）。

3. 房屋老旧，配套设施缺失。目前项目所在平房区房屋老化程度严重，市政设施薄弱，院内缺少洗衣、淋浴和如厕空间，且厨房均为临时搭建，不方便老人使用（图7）。

上述在北京老城四合院所存在的共性问题，亟待解决。本项目作为改造试点，为解决此类问题提供了新思路。

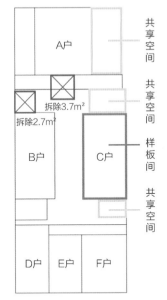

图5　项目平面简图及改造策略示意图

图6　院内杂物堆积，不方便老人活动

图7　改造前房屋老旧，配套缺失，老人生活不便

## ▶ 改造内容清单

√ 房屋翻新修缮：

- 地基加固、重新做水电；全屋地面墙面防潮；
- 墙面重新抹灰、保暖，重新做保温吊顶；
- 木构架加固处理，屋顶吊顶拆除；
- 更换密封性保暖性更好的窗户；
- 安装强化复合地板，耐磨性好，温暖美观；
- 厨卫采用防滑地砖、优质墙砖，更换品牌卫浴洁具等。

√ 打造适老化样板间：

- 改善收纳；
- 增加户内厨卫；
- 引入适老化家具及辅具。

√ 利用院内腾退房间引入共享空间，包括共享仓储房、共享洗衣房和共享淋浴房。

## ▶ 特色1：选取典型居住单元，打造适老化改造样板间

改造前，为了更好地满足老年人的实际使用需求，设计团队对取灯胡同12号院的住户进行了调研，在对其需求进行沟通了解后，结合住户意愿，选取东厢房打造适老化改造样板间（图8）：

**就餐交流区：** 利用有限空间设置折叠餐桌，打开时可供2~3人同时就餐，收起后可为起居活动腾出空间

**入口门厅区：** 设有鞋柜、折叠式换鞋凳等

**厨房烹饪区：** 在1.4m见方的小厨房内设置了整体橱柜，能够满足老年人家庭日常的储藏和烹饪等需求

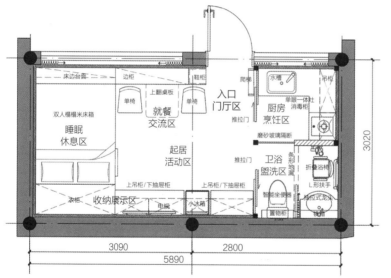

**睡眠休息区：** 设置成榻榻米加床垫的形式，在兼顾舒适性的同时，提供了大容量的物品收纳空间，可满足使用频率较低的大件物品的储藏需求

**收纳展示区：** 集成衣柜、电视柜、冰箱、展示台面等功能，集中满足老年人家庭的物品收纳需求

**夹层休息区：** 在厨房和卫生间上方设置夹层，可供照护者夜间休息使用

**卫浴盥洗区：** 在1.4m见方的空间内满足了老年人盥洗、如厕和洗浴等需求

图8 样板间平面图及各空间改造效果实景

## ▶ 特色2：联合居民打造适老宜居共享院

项目积极利用院落中腾退出来的空置房屋，打造了共享的仓储房、洗衣房和淋浴房，盘活闲置空间，为院落居民创造附加价值（图9）。共享区域刷卡使用，院内住户自愿参与试点，配合院内拆违与户型改造，签署文明公约，自觉维护院内设施环境，探索共享的内容与就地改造模式。

图9 利用腾退空房打造适老宜居共享院的理念示意图

## ▶ 特色3：重视后期宣传跟进，推广改造模式

自2019年11月改造完成后，该院落承载了面向本地居民和政府主管部门的适老化改造体验和展示功能。截至2020年底，即使存在疫情因素影响，该共享院和样板间依然接待个人参观者300余人次，接待西城区、大栅栏街道及所辖社区等政府部门视察20余人次，各省市城投公司、养老服务机构、养老产品供应商考察50余人次，积极有效地推广宣传了"适老化改造"和"适老宜居共享院"的设计理念（图10）。

图10 适老化改造样板间和适老宜居共享院接待社会人士参观体验的情景

## ▶ 总结

本项目是对历史文化保护区内住房进行改造的典型案例，改造设计方案融合了房屋修缮、设施升级、配套完善、适老化改造等多重内容，打造了老百姓看得见、摸得着、可体验的实体空间，有效普及推广了"适老化改造"的知识理念和"适老宜居共享院"的更新模式，工作方法值得参考借鉴。

（执笔：张昕艺；编审：秦岭）

**图片来源** 图4、图5为作者根据相关资料自绘或改绘，其他来自北京易享生活健康科技有限公司。

# 引入智能化设备的劳模之家改造
中国·上海

**导读：**该项目是上海闵行区江川路片区适老化改造项目的住宅改造部分，业主是一对逾87岁的老年夫妇。改造设计从空间结构、墙地面铺装、家具设备等多个层面进行了提升，便利了两位老人的日常生活（图1~图3）。

图1 起居、餐厨与门厅空间

图2 楼栋单元门

图3 单元楼梯

## ▶ 项目概况

| | |
|---|---|
| **地　　址** | 上海市闵行区江川路街道 |
| **改造时间** | 2020年7月 |
| **建筑面积** | 48.3m²（住宅部分） |
| **改造范围** | 套内、楼梯间、楼栋单元入口 |

**业　　主** 王爷爷（87岁），夏奶奶（88岁）

**设计团队** 上海交通大学奥默默工作室、
上海华都建筑规划设计有限公司

## ▶ 项目背景

本项目是上海市闵行区江川路片区适老化改造项目的一部分。由于"老闵行"的重工业区未能及时转型的历史背景,该片区少有年轻人群流入,成了以退休职工及其家属组成的老龄化社区。

设计团队通过对社区老年人活动全流程的分析,总结出老年人的日常活动需求,进而对住宅、小区环境、街道及广场等公共空间进行全面改造。改造体系包含"点、线、面"三类要素(图4):

点:针对个体家庭户内空间、单元出入口和楼道的改造,以"劳模之家"作为示范性项目;

线:针对老年人日常流线高频经过的街道空间的改造,包括整修路面、增加扶手和标识系统等;

面:针对社区公共空间的改造,包括社区美术馆——粟上海·红园、社区食堂——悦享食堂、社区滨水活动空间——孝亲广场的改造。

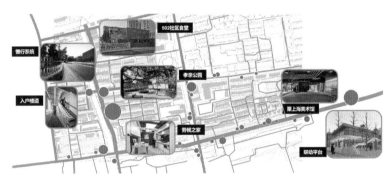

图4 江川路片区适老化改造的"点、线、面"要素

## ▶ 改造前情况

该项目业主是87岁的王爷爷和88岁的夏奶奶,他们已经在这里住了将近30年。王爷爷身体硬朗,腿脚便利,比较喜欢外出;而夏奶奶却刚好相反,做过手术,行动不便,将来还可能需要轮椅。两人在改造前的居室中生活有诸多不便,主要有四大痛点(图5)。

空间局促 生活不便　　设备老旧 安全隐患　　地面不平 通行不便　　物品杂乱 缺乏储藏

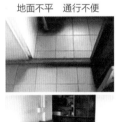

图5 改造前的问题

## ▶ 改造内容清单

√ 拆除隔墙，整合空间：拆除原有小房间的隔断墙，将室内空间打通成灵活的大空间，并开辟出宽敞通道供轮椅通行；

√ 消除高差，便利通行：消除室内地面高差，铺设防滑地砖，使老人的通行安全便利；

√ 增加储物空间：在起居厅两侧设置储物墙，储物墙中包含折叠床和大量储物柜；

√ 无障碍家具与设备：例如将原有家具更换为圆角家具，调整餐桌高度便于乘坐轮椅的老人使用，安装扶手辅助老人行动，采用适老化照明等；

√ 引入智能化设备：例如设置机械臂辅助老人行走、取物，设置智能电子镜播报天气，设置智能坐便器保持水温并自动冲洗等。

改造内容如图6所示。

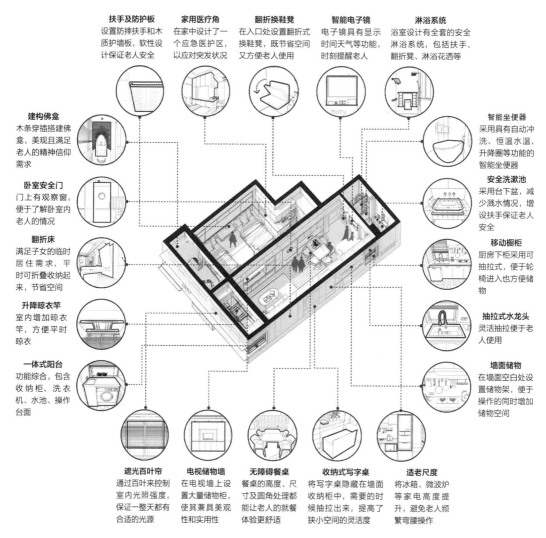

图6 改造内容一览

## ▶ 特色1：拆除部分墙体，空间"化零为整"

改造前该住宅隔断墙较多，功能空间零散。如果按照室内原隔断进行改造，可能仍然"治标不治本"。因此设计中拆除了多面隔断墙，将室内空间打通。改造后的住宅，从封闭老旧的空间格局变为开放式室内布局，空间灵活度得到了很大的提高。两个老人的卧室合成一间，起居室与厨房、餐厅也合成一个整体空间（图7）。

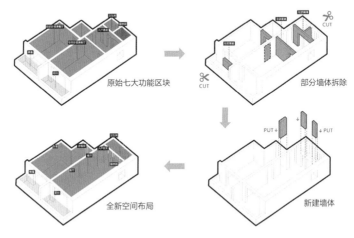

图7　通过拆除部分墙体，将室内空间"化零为整"

## ▶ 特色2：增设储物柜体，空间灵活可变

改造前，该项目痛点之一就是收纳空间不足，这是老年人家庭里的典型问题。老年人常有很多舍不得丢掉的旧物和大量的闲置物品，对储物空间的需求很大。

改造中，将起居空间的两面墙体均改造成储物墙，增加了大量各种规格的储藏柜。这些储物柜包含了很多设计的巧思，比如厨房操作台下面的柜子可以取出，以适应轮椅老人的坐姿操作需求；厨房旁边的储藏柜上设置了很多圆孔，兼作可以自由调整规格的置物架（图8）；在起居厅的一面墙体内还隐藏着一张翻折床，可以满足临时居住需求（图9、图10）。

图8　厨房储物柜上的圆孔可以自由调整规格作为置物架

图9　起居室折叠床（展开前）

图10　起居室折叠床（展开后）

## ▶ 特色3：注重适老化细节处理

改造过程中在多处注重适老化细节的设计。

在流线上，考虑到夏奶奶腿脚不便，设计中调整了家具的尺度和位置，梳理出宽敞的路径，使轮椅能够流畅通过各个空间（图11、图12）。

在地面铺装上，在厨房和卫生间等容易沾水打滑的地面上铺设了特殊的六边形防滑地板，保障老人的安全（图13）。

在家具上，为了避免老人磕碰到棱角上受伤，设计中选用了圆角家具（图14）。另外，卧室、厨房和卫生间等多处都安装了醒目的辅助扶手（图15）。

图11　餐厨区域宽敞路径能让轮椅顺利通过

图12　卧室区域宽敞路径能让轮椅顺利通过

图13　卫生间和厨房地面铺设防滑地砖

图14　圆角家具避免老人磕碰受伤

图15　多处安装扶手辅助老人活动

## ▶ 特色4：智能设备辅助，提升生活品质

改造中引入了多种智能设备，最典型的是被称为"护工"的机械臂，它倒挂在起居室上方，时刻准备着与老人互动（图16）：从老人一进门开始，机械臂就等候在老人身旁，准备搀扶着老人去往储物柜或餐桌旁；两位老人在家中不同位置时，机械臂可以在两人之间传递物品；此外它还有拖地机、吸尘器、机械手等多种功能属性，以适应老人多样的生活需求（图17~图19）。此外，智能坐便器、智能电子镜等设备也提升了老人的生活品质。

图16 机械臂辅助老人从远处拿取物品

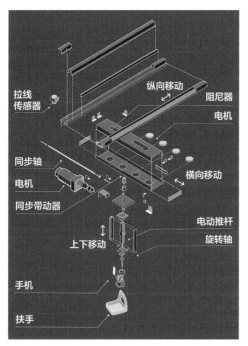

图18 机械臂构造与功能分析图

图17 机械臂辅助女性老人将杯子传递给远处的男性老人

图19 机械臂辅助男性老人拿取女性老人传递过来的杯子

## ▶ 总结

本项目"房屋虽小，适老俱全"。在空间层面，大胆拆除隔墙，重整了空间结构，开辟出宽敞的通道供轮椅通过；在家具层面，增加了大量储藏空间，并采用调整高度、圆角处理、防滑处理等方式提高家具使用的便捷性和安全性；此外，还引入了多种智能化设备，让老人感受到科技进步带来的红利。该项目兼具了人性化考虑和新技术应用，是一个极具特色的案例。

（执笔：武昊文；编审：王春彧）

**图片来源** 均由上海交通大学奥默默工作室、上海华都建筑规划设计有限公司提供。

# 健康独居老人的居家改造两例

中国·长沙

> **导读：** 老年人独自生活，或许是客观环境使然，亦可能是他们自己的选择。独自生活时所能获得的自在和自尊，已经成为不少身体状态尚佳的老年人更在意的需求。本节的两个项目就将展示居家改造如何更好地支持独居老人生活。

## ▶ 项目概况

　　本部分选取的两套住宅案例（图1、图2）虽然户型结构不同，但在建筑面积、现存问题、主要使用者及其需求特征等方面都呈现出一定的共性，因此方案设计中采用了类似的思路，较好地支持了老年人独立、自主的生活。

图1　项目一客厅实景

**项目一**

| | |
|---|---|
| **所 在 地** | 长沙市美洲故事小区 |
| **建筑面积** | 50m² |
| **户　　型** | 一室一厅 |
| **常住人数** | 1人，女儿一家三口节假日会来陪伴 |
| **房主概况** | 73岁女性，曾为医生，入住时身体状态较好；喜欢种花、拉二胡 |

图2　项目二客厅实景

**项目二**

| | |
|---|---|
| **所 在 地** | 长沙市星城书苑 |
| **建筑面积** | 60m² |
| **户　　型** | 两室一厅 |
| **常住人数** | 1人 |
| **房主概况** | 65岁女性，健康开朗、思维活跃；喜爱电影和音乐，收藏有大量CD |

## ▶ 改造前存在的问题

两套住宅在改造前的原始平面图如图3所示，存在的共性问题主要体现在以下几个方面：

1.空间流动性不足，功能空间"各自为政"，缺乏"沟通"。无论是项目一还是项目二，厨房、阳台等空间都较为封闭、独立，不利于独居的老年人在使用时观察其他空间的状态，缺乏安全感。

2.空间安定感不足，具体表现为公共空间与私密空间的关系处理不当、动静节奏组织不佳。例如，两个项目进门处均无门厅，缺乏户内外的过渡空间（图4）；项目一的起居厅与卧室相连，进门就能看到床，私密感较差；项目二的起居室及餐厅空间被流线划分得较为破碎，使用时容易受到干扰。

3.两个项目当中，起居室和餐厅虽然都具有良好的朝向（项目一东面采光，项目二南面采光），但空间划分主要依赖墙体，手段较为单一，对自然光线的利用不充分、采光效果不佳（图5）。

4.缺乏系统的收纳空间设计。

5.卫生间不适合老年人使用，存在空间狭小、地面有高差、未设置淋浴区等问题（图6）。

图例　▢ 空间流动性不足　▢ 空间安定感不足　----▸ 自然光线

项目一原始平面图　　　　　　　　　　　项目二原始平面图

图3　项目一和项目二在改造前的平面图

图4　项目二入户后没有设置门厅空间　　图5　项目二的起居室及餐厅自然采光不足　　图6　项目二卫生间不适老

## ▶ 改造内容清单

√ 将封闭厨房改为开敞式厨房；

√ 去掉不必要的墙体，通过轻质隔断、家具、门等多种空间元素划分功能分区；

√ 增设门厅或补充门厅功能；

√ 系统规划收纳空间；

√ 对卫生间进行改造：改造内容主要包括消除高差、增设淋浴区、安装扶手；

√ 采用了新风系统、电动晾衣架、智能坐便器、智能排气扇等新型设施设备。

项目一、项目二改造后平面图如图7、图8所示。

| 1 换鞋凳 | 12 飘窗 |
| 2 常用衣柜 | 13 更衣凳 |
| 3 轮椅收纳 | 14 冰箱 |
| 4 鞋柜 | 15 可折叠餐桌 |
| 5 电视隔墙 | 16 书架 |
| 6 茶几 | 17 大洗衣机 |
| 7 沙发床 | 18 小洗衣机 |
| 8 小边柜 | 19 锅炉 |
| 9 层板 | 20 电动晾衣架 |
| 10 布帘 | 21 储物柜 |
| 11 衣柜 | |

图7 项目一改造后平面图

| 1 衣柜 | 10 榻榻米 |
| 2 鞋柜 | 11 书柜 |
| 3 冰箱 | 12 旧床 |
| 4 折叠餐桌 | 13 洗碗机 |
| 5 沙发 | 14 洗衣机 |
| 6 茶几 | 15 长凳 |
| 7 穿鞋凳 | 16 推拉门 |
| 8 边柜 | 17 折叠门 |
| 9 电视柜 | |

图8 项目二改造后平面图

## ▶ 特色1：强调功能模块间的视线联系，尽可能地引入自然采光

对于独居老人而言，便捷地观察和掌握空间的使用状态有助于提升他们的安全感。

设计师为改善原有功能分区封闭独立的状态，一方面拆除了不必要的隔墙，整合并扩展功能分区，例如将厨房均由封闭式改为开敞式（图9），并在顶部安装二次排烟设备以减少油烟污染；另一方面用折叠门代替了隔墙或推拉门，例如在阳台与起居室或餐厅的交界处设置推拉门，以拓展使用空间（图10）。

通过功能空间的整合与拓展，户型的视觉通透感显著提升，空间联系显著加强。空间被"打开"后，更多自然光线被引入室内，住宅光环境得到很大改善（图10、图11）。

值得注意的是，项目一中设计了一段斜墙——根据设计者观察，除了睡眠时间，老人大部分时间都在餐厅和阳台度过，通过墙面的"切角"处理，能够在这个主要活动空间直接看到门厅处人员的出入状况，满足他们对安全感的需求（图12）。

图9　项目一厨房餐厅一体化，空间视线更为通透

图10　项目二利用开敞式厨房和阳台的玻璃折叠门引入更多自然光线

图11　餐厨与阳台整合设置，改善光环境

图12　斜墙使老人能在餐厅直接看到门厅处的人员出入状况

## ▶ 特色2：巧用家具限定入户区域，优化空间流线和功能分区

项目一、二原先的入口空间几乎没有任何处理，动线散乱，开放与私密之间缺乏足够的过渡，也无法满足换鞋、置物等使用功能需求。为避免墙面划分空间造成视觉不畅的消极感受，设计师巧妙利用家具的组合来营造门厅区域、限定空间、组织流线，满足了使用功能的需求。

例如，项目一采用"电视隔墙"收束了入户区域的视野，在"电视隔墙"对面布置了鞋柜，在进门右手边设置了换鞋凳和常用衣柜，满足了门厅的使用功能，并借助"电视隔墙"组织了通向客厅、餐厨区域、卫生间和卧室等空间的多股流线（图13、图14）；而项目二采用了餐桌和沙发相结合的"中岛家具区"，与项目一中的"电视隔墙"起到了类似的空间划分和流线组织效果（图15）。

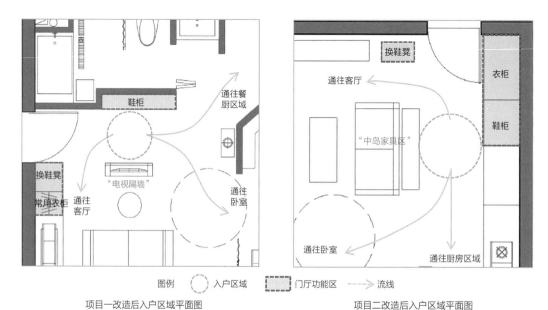

项目一改造后入户区域平面图　　　　　　　　项目二改造后入户区域平面图

图13　利用家具组合营造门厅区域、限定空间、组织流线，满足使用功能需求

图14　项目一入户区域实景

图15　项目二的"中岛式家具区"

设计师充分考虑到了老年人的储藏需求，在两套住宅的改造方案中均对收纳空间进行了系统的规划。

例如，项目一中，设计师采用分散式储物的思路，在客厅、卧室布置了衣柜，在厨房布置了橱柜（图16），在阳台设有设备间（图17）。

项目二中，设计师沿入户门左

图16 项目一的厨房橱柜整合了收纳空间和厨房电器

侧墙面设置了多功能柜体，将鞋柜、衣柜、冰箱、橱柜融为一体（图18）；次卧整体设计为榻榻米，底部可用于储物，两侧为衣柜与书柜（图19）；利用电视墙设置了大容量储藏柜，用来收纳老人珍藏多年的DVD、CD（图20）。此外，还在阳台增设柜体，规划了洗衣机、地暖分集水器等设备的安置区域。

图17 项目一的阳台设备间用隔断门分隔出了家务用品区

图18 项目二沿入户门左侧墙面设置多功能柜体，整合门厅柜、冰箱和橱柜

图19 项目二次卧室的榻榻米储藏区具有较高的储藏量

图20 项目二的电视墙收纳区提供了一面完整的收纳空间

## ▶ 特色4：注重空间的灵活可变性

设计师在改造时十分注重空间的灵活可变性。一方面，考虑到老年人随年龄增长身体机能发生变化，对空间环境提出更高要求，在设计中预留了改造的可能性。例如，项目一中的卫生间在墙体内预留了安装扶手的条件（图21、图22）、淋浴区与盥洗区之间的门可拆卸等（图23）。

另一方面，采用可变式的家具或空间设计来应对多样化的生活场景。例如，项目一中使用了可折叠的餐桌和餐椅，不用时可收起，释放活动空间；客厅设有沙发床，且卧室飘窗面积足够大，可供女儿一家三口探望老人时过夜使用（图24）。项目二中的可折叠餐桌平常可作为书桌，有客人来访时，可打开成为多人餐桌；次卧中的榻榻米将娱乐、就寝、储藏等功能融于一体，平常用作茶室，供老人与朋友喝茶打牌，女儿回来时可作为小型家庭室，孩子们可使用升降桌画画、做作业（图25）。

图21 扶手高度处墙体使用承重材料　　图22 项目一卫生间墙体预留扶手安装条件　　图23 项目一浴室门可拆卸

图24 项目一飘窗可用作孙女的临时休憩空间　　　　图25 项目二榻榻米可用供女儿留宿、喝茶打牌等使用

## 特色5：在老年人动线沿途设置可供手扶或倚靠停留的家具

为了给独居老人提供更加安全的居住环境，同时避免设置扶手带来"机构化"的消极空间感受，设计师通过在老年人动线沿途设置可供手扶或倚靠停留的家具，间接起到了扶手的作用。

例如，两个项目中，入口处的鞋柜、电视墙、中岛式家具组合等既优化了流线组织，又为老人提供了可供撑扶的区域（图13~图15）。值得一提的是，项目一中斜墙一侧放置的小边柜发挥了重要的作用，根据设计者观察，老人每次经过这个小边柜时，都会在不经意间扶一下它的台面，以调整身体方向，再继续行走（图26）。

图例　⊙　小边柜所在位置
&lt;-&gt;　主要动线

图26　项目一中的小边柜位于户型平面的核心位置，常用作老人移动过程中撑扶、倚靠的"扶手"

## 总结

在这两个健康独居老人的住宅改造项目中，设计方案重点强调了两个层面的安全性，一是物理环境上的安全，如平整的地面、可撑扶的台面、良好的采光等；二是心理上的安全，即要让老人容易知晓空间的使用状态，重视空间的视线设计、公私分区。此外，还设计了完善的收纳系统和灵活可变的空间，能够满足并适应老人生活场景的变化。这些设计理念和手法都值得其他设计者学习和借鉴。

（执笔：梁效绯；编审：秦岭）

---

**图片来源**　均来自建筑师李小棠，其中图3、图12、图13、图26经作者改绘。

# 北山街道老年人居家改造两例
中国·杭州

> **导读：** 本案例中，两位老人的住宅原本较为老旧，既不美观也不卫生。通过切实了解老年人需求，考虑改造成本，服务机构因地制宜，为老年人提供了适宜的改造方案。改造后，住宅的安全性和宜居性都得到了大幅提升。

## ▶ 改造概况

杭州市北山街道的辖区内有许多典型的老旧小区，这些小区建成年代早、人口老龄化严重。北山街道与改造服务商合作，针对辖区的独居老人和失能残疾老人启动了一项居家适老化改造的试点项目，对老年人的住宅进行公益性和市场化相融合的适老化改造。本部分的两个案例均为该项目中的试点住宅。

## ▶ 案例1：金祝新村住宅厨房改造

| | | | |
|---|---|---|---|
| **地　　址** | 杭州市西湖市北山街道金祝新村 | **改造面积** | 3m² |
| **设计单位** | 绿城房屋4S | **改造工期** | 10天 |

图1　改造前厨房设施较为陈旧老化

图2　改造前厨具放置在自制架子上和门后，很不卫生

图3　改造后的厨房，烹饪台面高度符合老年人身高

图4　改造时对窗户进行了清洁并增设了排气扇

业主申爷爷86岁，长期居住在这套住房当中，受疾病影响，身高明显萎缩。由于肠胃不好，老人习惯自己在家做饭。历经多年，家中厨房脏乱破旧，光线昏暗，家具设施老化，不实用、不卫生也不美观（图1、图2）。

改造主要从便利性和安全性出发，主要包含以下内容（图3、图4）：

√ 厨房硬装翻新：墙面贴瓷砖，包管道；安装集成吊顶；地面铺设防滑瓷砖；

√ 采光改造：取下窗户上的木板，并进行彻底清洁；

√ 通风改造：窗上新增排气扇，改善通风效果；

√ 更换整体橱柜：安装柜体、炉灶、不锈钢水槽等。

本案例更多介绍
可扫码观看视频

## ▶ 案例2：友谊社区住宅改造

| | | | |
|---|---|---|---|
| 地　　址 | 杭州市西湖市北山街道友谊社区 | 改造面积 | 30m² |
| 设计单位 | 绿城房屋4S | 改造工期 | 12天 |

住户吴奶奶89岁，独居，身体硬朗。她居住在这里40多年，房子基本没有装修过，家具电器老旧。4年前老人曾在洗澡时滑倒，情急之下伸手去抓洗手池，被老式水池支架粗糙的边沿划伤（图5、图6）。

改造同样从便利性和安全性出发，主要包含以下内容（图7、图8）。

√ 过道（厨房）改造：门后新增折叠换鞋凳、鞋柜；拆除老旧家具，安装新的橱柜；在过道一侧安装折叠餐桌；更新和梳理水电管线；更换炊具。

√ 卫生间改造：更换洁具，淋浴区安装折叠凳和扶手，安装坐便器扶手，增加镜子等。

√ 安装智能化适老设备：安装摄像头、紧急报警器、烟雾报警器、燃气泄漏探测器等。

图5　改造前的卫生间较为杂乱，且缺少适老化设施

图6　改造前的过道杂物较多，较为拥挤

图7　改造后卫生间更换了新的洁具，并设置了浴凳和扶手

图8　改造后的过道，增加了收纳空间，并留出了餐桌的位置

本案例更多介绍可扫码观看视频

## ▶ 总结

本案例中的两套住宅改造前条件较差，改造设计着眼于改善室内基本的居住生活环境，有效提升了老年人的生活质量。洁净的台面、良好的通风减少了病菌的滋生，有利于老年人的身体健康；良好的采光和照明提供了明亮的室内环境，有利于日常活动，降低危险发生的概率。

改造效果虽然无法做到尽善尽美，但实实在在抓住了老年人的痛点，利用设施和产品，短时间、低成本地满足了改造需求，践行了"适老先宜居"的理念；并根据住宅情况、老人身体特点，量身定制了改造方案，工作方式值得肯定。

北山街道这种政府牵头、服务商实操、快速改造的模式对于老年人来说省心省力，具有借鉴意义。

（执笔：张泽菲；编审：秦岭）

---

**图片来源**　文中图片由绿城房屋4S提供。

# 八角南路社区某单元加装电梯改造

中国·北京

**导读：** 石景山区八角南路社区是北京市典型的老旧小区，建成于20世纪90年代，住宅楼栋高6层，楼内居民多数都是老年人，上下楼不便，对住宅加装电梯存在迫切需求（图1）。

图1 楼栋加建电梯后的外观实景

▶ **建筑概况**

地　　址　北京市石景山区八角南路社区

楼栋建成时间　1990年

加建电梯时间　2020年

原建筑层数　6层

设计单位　清华大学建筑学院

## ▶ 改造前情况

八角南路社区21号楼（图2）建设于1990年，为普通居民楼。楼栋的基本条件如下：

平面布局：

√ 楼栋单元为一梯两户，南北均设有阳台，南侧阳台相邻布置（图3）。

楼梯间：

√ 楼梯间位于楼栋北侧，与外立面平齐（图4）；

√ 加梯范围内，外墙面较整洁，仅有一根管线通过（图5），无排烟孔；

√ 内部净宽度为2420mm，楼梯间两侧相邻房间为卫生间，两个卫生间外窗间距，即外墙面可用的加梯宽度范围为4230mm，可满足楼梯间消防疏散条件。

外部环境：

√ 单元北侧为车行道，道路较宽（图6）；南侧为开阔绿化；最近的地下管线为污水管，距离2260mm，对贴建加梯影响较小。

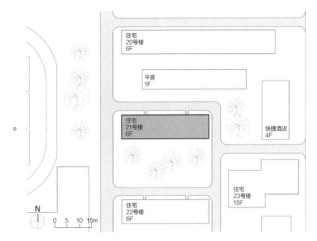

图2 改造楼栋及其周边环境总平面图

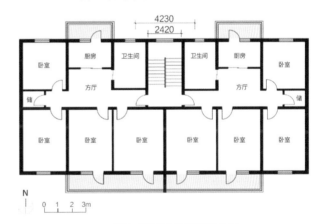

图3 改造前的楼栋单元平面图

图4 楼梯间外墙面与外立面平齐

图5 楼梯间外墙面仅有一根管线通过

图6 楼栋单元北侧为车行道，较为宽敞

## ▶ 业主协商工作

推进老旧小区加装电梯的工作当中，业主协商是第一步，也是最艰难的一步。八角社区实行的政策是同一单元的住户必须全部同意并缴费后才能加装电梯，工作流程较为复杂（图7、图8），实践中也遇到了很多困难。

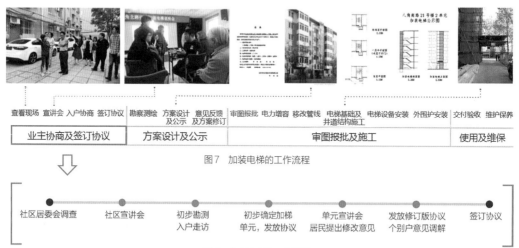

图7　加装电梯的工作流程

图8　业主协商的工作流程

业主协商工作中，主要反映出如下问题：

√ 加梯流程不成熟：发放协议过早，未与居民充分沟通；跳户制度（允许个别户不缴费）不合理等。

√ 加梯模式异议多：不同城市、城区政策不一，但居民会对比，提出异议。

√ 技术问题引担忧：居民对加梯带来的噪声、采光、侵占消防通道、楼体安全等问题表示担忧。

√ 协议内容不严谨：居民维权意识强，对协议条款的严谨性提出了较高的要求。

针对种种问题，改造团队组织了多场宣讲会（图9、图10），积极与居民进行沟通，形成了明确的解决方案；并对个别住户进行了意见调解，最终成功与所有住户签订了协议，启动了后续的设计施工环节。

图9　居民宣讲会的宣传海报

图10　居民宣讲会现场

## ▶ 加装电梯做法与工艺

根据这一单元的现状条件，最终选择的做法为错层贴建，即电梯与半层处的休息平台相连接。采用附加结构，即电梯依附于建筑的自身结构。电梯产品经过企业的优化设计，外围尺寸控制在1920mm×1500mm。

贴建的做法适用比例高，但实际操作中难以完全贴合原墙体，一般脱开300mm左右，本案例即是如此。

图11 管线位置勘查　　图12 支管线更改

电梯对与楼体平行的主要地下管线无占压，但一根支管局部影响电梯基坑，因此对其进行了改造（图11、图12），仅用时一天。加梯后楼梯间疏散宽度1205mm，电梯门洞净宽850mm，满足消防需求。

施工涉及的主要内容及流程如下（图13~图22）：

图13 地面交接部位采用高强度混凝土设计部品

| | |
|---|---|
| 1.基础 | 5.电梯井道 |
| 2.结构加固 | 6.井道围护 |
| 3.井道与建筑连接 | 7.电梯设备 |
| 4.外墙增补 | 8.配套设施 |

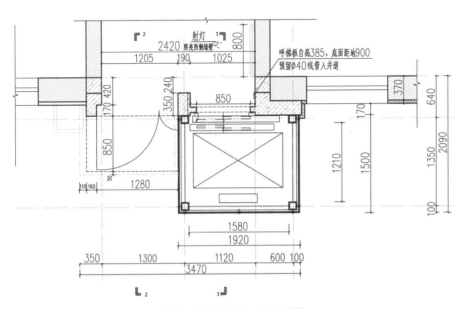

图14 加装电梯部分一层平面详图

图15 顶层电梯冲顶设计与檐口关系

图16 标准层外墙增补

图17 标准层井道与建筑连接

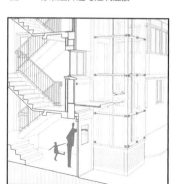

图18 二层外墙增补部分特殊处理

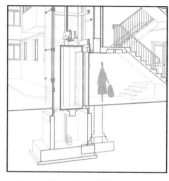

图19 电梯基础与原楼梯交接

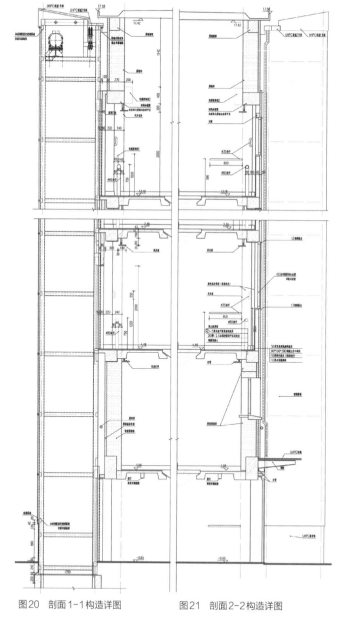

图20 剖面1-1构造详图    图21 剖面2-2构造详图

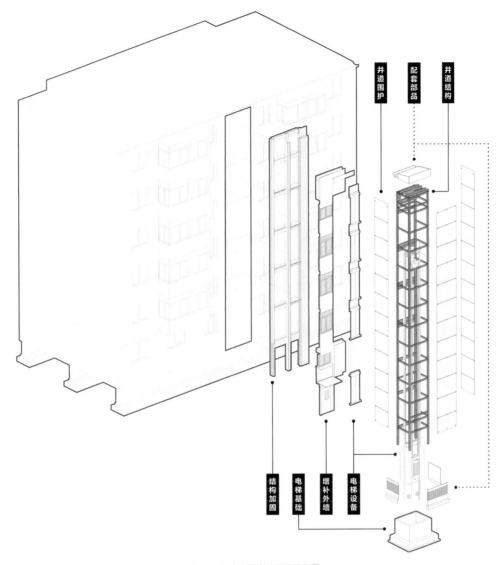

井道围护
配套部品
井道结构

结构加固
电梯基础
增补外墙
电梯设备

图22　加建电梯构件分解示意图

## ▶ 总结

　　在本案例的实践过程当中，工作团队通过前期对于加装电梯问题的系统研究，选择了适合这一楼栋的施工方式和电梯类型，尝试加装小型化电梯，采用玻璃幕墙作为电梯井道的围护材料，最大限度地降低了对室内采光的影响，也有助于与住户达成协议。经过调研分析，这一加梯应对策略可以满足全国半数以上既有多层住宅加建电梯的情况，方案具有较强的可推广性。

（执笔：张泽菲；编审：秦岭）

**图片来源**　均来自清华大学建筑学院程晓喜副教授。

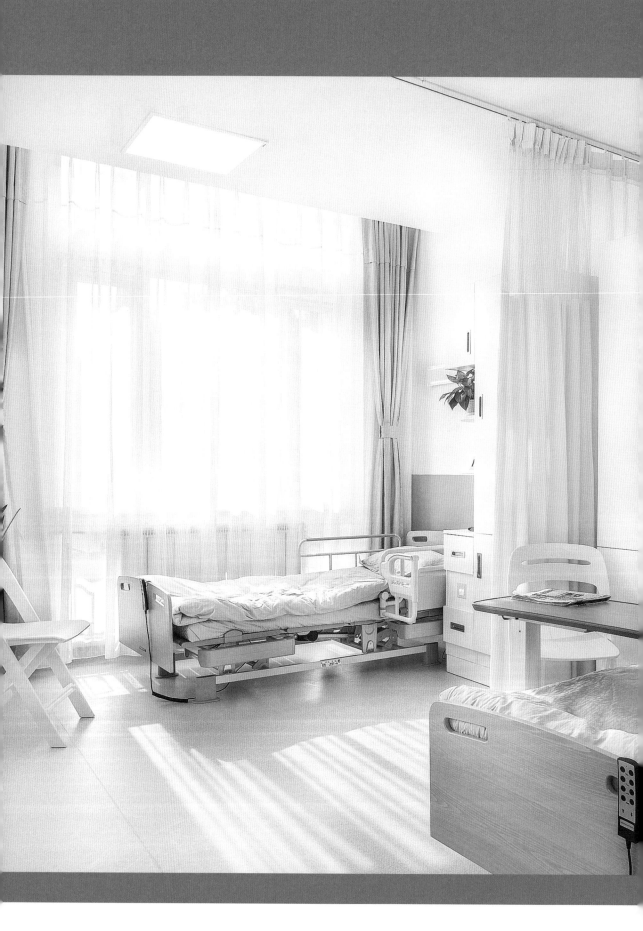

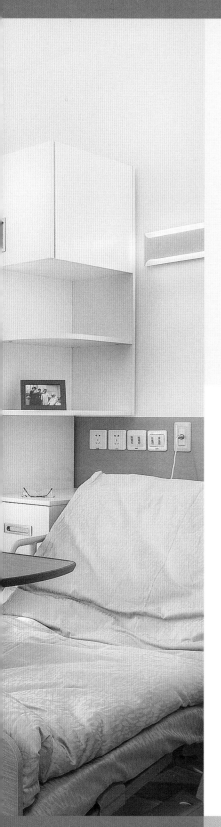

CHAPTER 03

# 第3章
# 社区居家养老服务设施的
# 适老化改造案例

本章案例重点关注城市更新进程中既有建筑的改造实践。具体包括社区内非养老功能的既有建筑改造为综合服务类或入住类养老设施，以及既有养老服务设施的适老化改造与提升。

其中，国外案例关注了底层插建、新结构加建、平面布局改建等多种改造方法，展现了不同地域下的改造策略差异。

国内案例包含了各类既有建筑类型的改造，如商业、办公、厂房、宿舍和酒店等，类型丰富。改造后的设施重点解决老年人的活动、餐饮、照料和医疗等问题，很多已经在项目当地形成了成熟的模式。

第3章

# 国外案例

# Goodlife! Makan 社区活动中心
### 新加坡

> **导读:** Goodlife! Makan[1]社区活动中心希望以食物为契机,将老年人以及更多的社区成员聚集到一起,以开放的形式塑造出充满活力的社区活动场所,帮助老人与社区产生更加积极的互动(图1~图3)。

图1 改造后项目实景

 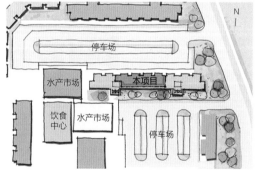

图2 老年人和社区居民在内部活动的场景　　图3 项目周边环境示意图

## ▶ 建筑及运营概况

| | |
|---|---|
| **地　　址** 新加坡52 Marine Terrace组屋底层 | **运营单位** Montfort Care |
| **建成时间** 2016年 | **设计单位** DP Architects |
| **建筑面积** 360m² | **总 造 价** 约200万新加坡币 |
| | （约合960万元人民币） |

---

1　Makan:马来语,意思"吃",与本项目的设计主题相呼应。

## ▶ 改造前情况及改造思路

项目位于新加坡政府所建组屋[1]52 Marine Terrace项目的首层，原为通透的底层架空空间，供居民日常活动。改造时设计团队预先对老人的情感、心理和社会需求进行了调研，充分利用原结构良好的采光和通风条件，最终将这里打造成一个充满吸引力的社区活动空间（图4）。

图4　改造后项目外观（局部）：可开启的透明玻璃门形成新的界面

## ▶ 改造内容清单

√ 保留原有结构，沿空间外围增设通高的透明玻璃门，形成新的界面；
√ 在空间内部设置厨房、就餐空间、公共活动空间等功能空间；
√ 室内引入集成的家具及搁架系统，增设无障碍标识。

## ▶ 特色1：以食物为契机，帮助老人融入社区

设计师从新加坡丰富的本地饮食文化中获得灵感，希望以食物为线索，将老年人以及更多社区成员聚集到一起，以此鼓励老年人走出家门，参与社交，为社区提供有利于老年人身心健康的活动场所。

改造方案以开放式的中心厨房作为核心，围绕其布置备餐、烹饪、就餐和清洁空间（图5）。老年人和其他社区居民可以在此处理食材，做饭、吃饭，餐后一起洗碗，让原本冷清的建筑底层充满人气，成为社区居民活动的聚集地（图6）。

除此之外，方案还设计了功能丰富的公共活动空间，如交流、阅读和娱乐区，老人们能在这里交流、学习、互相陪伴，这能帮助老人发掘自己新的潜力，并与他人建立更多的联系。

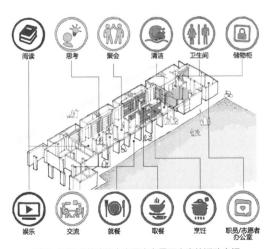
图5　围绕开放式的中心厨房布置了丰富的活动空间

图6　老年人和社区居民聚在一起烹饪、备餐

---

1　组屋：由新加坡建屋发展局建设的公共住房。

## ▶ 特色2：打造自由的建筑平面与开敞的建筑界面

新加坡气候潮湿，组屋底层为架空结构，空间通透。改造时充分利用这一特点，采用了自由的建筑平面与开敞的建筑界面，创造出一个开放的社区活动中心。

图7　剖面示意图：建筑内部与外部街道融合渗透

活动中心的立面选择了通高、大面积的透明玻璃门，日常运营时可全部开启，天气恶劣时也可将玻璃门关闭，从而为内部的活动提供"庇护"。通透的界面模糊了建筑内部与外部道路的边界，自然地将人们吸引到其中，使其与社区产生更加积极的互动（图7、图8）。活动中心也因此获得了良好的通风和采光，成为一个充满吸引力的场所（图9）。

图8　建筑界面通透，更容易吸引周边居民进入其中

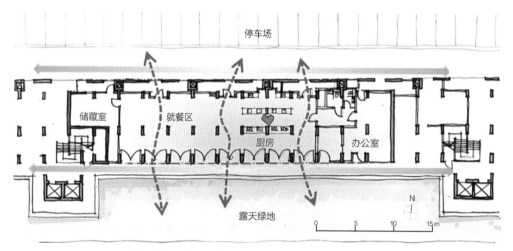

图9　平面示意图：建筑内外流通性好，具有良好的采光、通风

建筑内部空间也延续了其结构自身的灵活性。除后勤及辅助空间外，其余空间并未设置过多的隔墙，减少了视线与声音遮挡，鼓励使用者间的互相交流（图10）。室内均选择可移动的家具，以便根据活动的需要进行灵活布置。

图10　建筑内部空间开敞、灵活

活动中心的核心空间配置了一套集成的家具和搁架系统，上面摆满了烹饪所需的传统香辛料、各类食材和餐具，空间整洁而富有生活气息（图11）。

室内设计用不同的色彩指明了不同功能的区域。例如：烹饪和就餐区域使用红色，清洁区放置餐具的搁架使用浅蓝色，阅读区使用深蓝色，开敞的活动空间使用绿色，后勤办公室则使用橘色。这能帮助老人更快对室内功能产生认知与记忆（图12）。

室内的标识设计体现出项目的包容性。通过用图示标识代替文字，让不同种族、不同语言的老年人都能无障碍地了解空间的用途，参与到活动之中（图13）。

图11　中心厨房区域配置的搁架系统　　　　　图12　利用色彩区分不同功能的空间

图13　地面和墙面上采用图示标识，易于不同种族、不同语言的老人理解空间功能

▶ **总结**

Goodlife!Makan社区活动中心以食物为切入点，鼓励老年人和社区居民共同参与到烹饪、餐饮等社区活动之中，刺激了不同年龄层的人之间的交流，有效地帮助了老人融入社会。

（执笔：张昕艺；编审：林婧怡）

**图片来源**　图3、图5、图10为作者根据相关资料改绘；图6、图9来自参考资料[2]；其余图片均来自参考资料[1]。

**参考资料**　[1] Goodlife！Makan老年餐饮活动中心/DP Architects[Z]. https://www.gooood.cn/singapore-goodlife-makan-by-dp-architects.htm
　　　　　　[2] GoodLife! Makan, an innovative community kitchen for the stay alone seniors, by Montfort Care[Z]. https://www.youtube.com/watch?v=FpzQiHHIZbY
　　　　　　[3] 22DEC2015 FRIENDSHIP CAFE@GOODLIFE! Makan, Marine Parade[Z]. https://www.youtube.com/watch?v=N3FSDvZshqo
　　　　　　[4] Goodlife! Makan[Z]. https://archinect.com/DPArchitects/project/goodlife-makan
　　　　　　[5] Montfort care launches goodLife! Makan, an innovative community kitchen for the stay alone seniors[Z]. http://www.montfortcare.org.sg/goodlife-makan/
　　　　　　[6] Goodlife! Makan[Z]. https://iamarchitect.sg/project/goodlife-makan/
　　　　　　[7] A vibrant and inclusive setting[Z]. https://www.dpa.com.sg/projects/goodlifemakan/
　　　　　　[8] Eating and being merry[Z]. https://www.moh.gov.sg/ifeelyoungsg/our-stories/how-can-i-age-in-place/receive-better-care/eating-and-being-merry

| 16 | ■■ 公营住宅改造<br>■■ 加建建筑结构<br>■■ 创造公共空间 | **结缘·多摩平之森老年公寓与社区服务设施**<br>日本·东京都 |

**导读：** 本项目对原有公营住宅进行了充分的改造和利用，通过对建筑内外空间及社区环境的改造升级，营造出既可满足不同身体条件老年人居住生活，又能供社区居民共享使用的多元化设施和社区环境（图1~图3）。

图1 项目外观

图2 小规模多功能设施外观

图3 项目区位

## ▶ 建筑及运营概况

**地　　址**　日本东京都日野市多摩平3-1-6

**开业时间**　2011年10月

**设施组成**　老年公寓+集会食堂+小规模多功能设施[1]

**建筑规模**　老年公寓地上四层，其余部分地上一层

**建筑面积**　老年公寓3260m²，集会食堂162m²，小规模多功能设施238m²

**居室总数**　老年公寓63户（其中：护理型32户，普通型31户）

**床位总数**　小规模多功能设施短期居住7床

**运营单位**　株式会社コミュニティネット（结缘）

**设计单位**　日本+NEW OFFICE公司

---

1　小规模多功能设施：全称为小规模多功能居宅介护设施，是日本政府近年来推行的地区密接型养老设施，主要为老年人提供助餐、助浴、助厕、身体机能训练等日间照料服务以及短期入住服务。

### ▶ 改造前情况和改造思路

项目由日本20世纪50年代建造的公营住宅[1]改造而来。场地中原有五栋住宅楼,其中南侧三栋楼被改造为青年住宅和大学生宿舍,北侧两栋楼则由日本民营企业结缘株式会社承租,将其改建为老年公寓(图4)。

设计团队以"创造直到人生的最后也能活出自我的社区"为核心理念对本项目进行了改造设计。原有的两栋楼中,靠南侧的一栋改造为普通型老年公寓,靠北侧的一栋改造为护理型老年公寓,以便为不同身体条件老年人提供所需的生活和护理服务。设计团队还在楼栋东侧加建了南北向的社区公共服务设施,包括集会食堂和小规模多功能设施两大功能,希望让老人及周边居民享受多样化服务的同时,保持与他人及社会的密切联系(图5)。

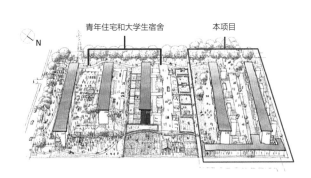

图4 项目所在地段整体情况

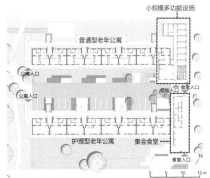

图5 项目首层平面图

### ▶ 改造内容清单

√ 拆除原有住宅楼栋单元的楼梯间,加建外廊和楼电梯,将楼栋从单元式改造为外廊式;

√ 修补、粉刷建筑外立面,更换气密性更佳的外围护材料,更换屋顶防水和外保温材料;

√ 对住宅套型内部空间进行适老化改造;

√ 在楼栋东侧加建社区公共服务设施,改造室外活动场地。

改造内容如图6所示。

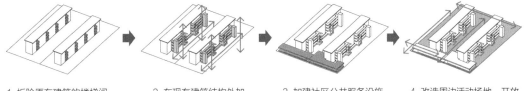

1. 拆除原有建筑的楼梯间　　2. 在现有建筑结构外加　　3. 加建社区公共服务设施　　4. 改造周边活动场地,开放
　　　　　　　　　　　　　　　建外廊和楼电梯　　　　　　　　　　　　　　　　　　　给入住老人和周边居民

图6 改造内容示意图

---

1 公营住宅:日本政府为城市的中等收入群体建造的公共住房,以出租为主。

## ▶ 特色1：减少改造对相邻用地日照条件的影响

由于本项目楼栋与北侧相邻用地距离较近，加建楼电梯和外廊可能会遮挡相邻用地的日照（图7）。通过计算和分析，设计团队将北侧普通型老年公寓的电梯仅设置到三层，且未在四层外廊设置顶棚，尽可能消除加建部分对北侧用地日照条件的不利影响（图8）。

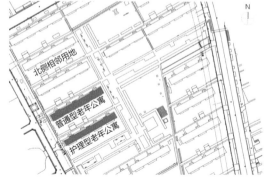

图7　场地关系示意图（改造前）

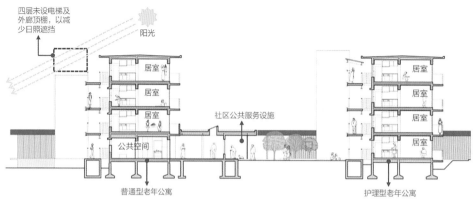

图8　建筑剖面示意图

## ▶ 特色2：居室格局的多样化改造为入住老人提供更多选择

改造前的住宅格局呈"田"字形，内部空间划分为许多小隔间，是日本较为传统的一种住宅形式，但并不适合现在老年人的生活和居住。

改造时去掉了一些户内隔墙，将南侧房间适当合并，对厨卫空间进行了适当的扩大。在此基础上，设计出A、B、C三种不同的户型，可供不同居住需求和喜好的老年人选择（图9、图10）。

改造后的户内门扇全部采用推拉门，使用轮椅的老人也能够顺利进出。同时，在卫生间坐便器旁、浴室内等位置安装了扶手，为老人提供了安全保障（图11）。

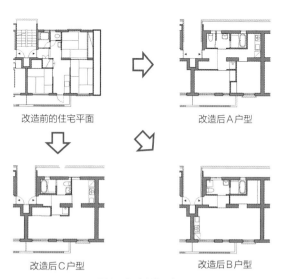

图9　户型改造示意图

图10 改造后B户型：南侧为连通的餐起空间和开敞式厨房

图11 改造后B户型：卫生间如厕区及洗衣机放置区

## ▶ 特色3：增设公共、开放的集会食堂和活动场地

改造时加建的集会食堂除了为老年公寓的入住老人提供餐食之外，还可为周边的居民提供午餐。此外，这一空间还可作为社区集会空间、活动室、图书室或休闲场所，几乎每天都会有不同形式的活动在这里举行，使之成为社区居民生活的"据点"（图12、图13）。集会食堂面向社区广场的立面采用了玻璃幕墙，人们在建筑外也能看到内部的活动，增强了场所的开放性。

公寓周边的室外活动场地也面向入住老人和周边社区居民开放，任何人都可以进入场地散步、休息，参与社区活动。这种积极的"开放"态度，使得居住在老年公寓当中的老人能够自然地与周边社区居民产生交流，维系他们与社会之间的联系（图14、图15）。

图12 多功能的集会食堂

图13 集会食堂北侧的读书角

图14 公寓周边的室外活动场地

图15 社区居民在项目周边的空地活动

## ▶ 特色4：引入小规模多功能设施

为满足老年公寓及周边社区的老人的护理需求，加建的社区公共服务设施当中还包括一家小规模多功能设施，其主要功能是为公寓和周边社区的老年人提供日间照料、短期居住和上门服务。

设施空间布局紧凑、功能集约。临近主入口设置了餐厅兼起居厅，是老人们白天最主要的生活起居空间，此外还设有小厨房、卫生间、浴室、洗衣房、办公室等空间（图16）。老人可以在这里享受到医疗、就餐、洗浴等日间照料服务，开展早操、棋牌、下午茶会等丰富的日常活动（图17~图19）。小尺度的设施空间更好地营造出了家庭化的生活氛围，也让老年人和护理人员建立了家人般的亲密关系。

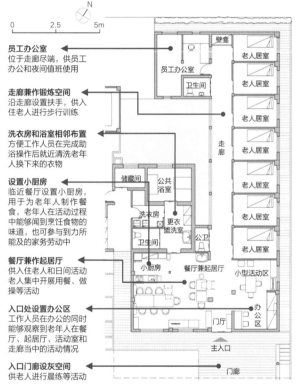

**员工办公室**
位于走廊尽端，供员工办公和夜间值班使用

**走廊兼作锻炼空间**
沿走廊设置扶手，供入住老人进行步行训练

**洗衣房和浴室相邻布置**
方便工作人员在完成助浴操作后就近清洗老年人换下来的衣物

**设置小厨房**
临近餐厅设置小厨房，用于为老年人制作餐食，老年人在活动过程中能够闻到烹饪食物的味道，也可参与到力所能及的家务劳动中

**餐厅兼作起居厅**
供入住老人和日间活动老人集中开展用餐、做操等活动

**入口处设置办公区**
工作人员在办公的同时能够观察到老年人在餐厅、起居厅、活动室和走廊当中的活动情况

**入口门廊设灰空间**
供老人进行晨练等活动

图16　小规模多功能设施平面功能分析

图17　老人在工作人员的带领下做操

图18　老人开展下午茶会等日常活动

图19　小规模多功能设施的餐厅和小型活动区

小规模多功能设施设有盥洗室、浴室和卫生间，护理人员可协助老人刷牙、洗脸、洗澡以及如厕（图20）。浴室中同时安装了机械浴缸和普通浴缸，无法站立的老人可以使用防水轮椅移乘到机械浴缸中洗浴（图21），自理老人则可使用普通浴缸或浴椅自行洗澡。此外，起居厅一角单独设置了一处洗手池，方便老人用餐前后就近洗手、刷牙（图22）。

设施中还设置了7间老人居室，可满足一些老年人短期居住的需求。居室布置十分简洁，除护理床统一配置之外，其他家具均由老人自带，为其个性化布置居住空间提供了可能（图23）。

图20　盥洗室与浴室就近设置

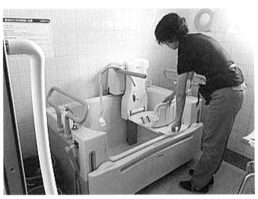

图21　护理人员可利用机械浴缸帮助无法站立的老人洗浴

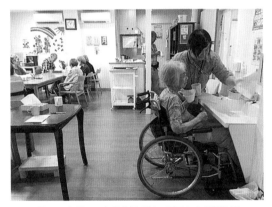

图22　起居厅一角设有洗手池，便于老人就近使用

图23　简洁的老人居室，可供老人自由布置

## ▶ 总结

本项目紧密贴合老龄化时代的发展需求，对既有公营住宅的建筑空间和室外环境进行了全面且精心的翻修改造。品质优良的老年公寓和功能丰富的社区服务设施不仅让旧住宅发挥了新的居住价值，也带动了社区及周边环境品质的提升，使其焕发了新的生机与活力。

（执笔：张昕艺；编审：林婧怡）

**图片来源**　图3、图5、图8、图16为作者根据相关资料自绘或改绘；图8、图9来自参考文献[2]；其他由清华大学建筑学院周燕珉工作室提供。

**参考文献**　[1] 多摩平之森互助之家,日野,东京,日本[J].世界建筑,2015(11):64-69.
　　　　　　[2] ゆいま～る多摩平の森[Z]. https://yui-marl.jp/tamadaira/

# 诺拉弗拉姆（Norra Vram）护理中心

瑞典·赫尔辛堡

**导读：** 本项目在延续当地传统的地域环境及建筑特色的基础上，将旧建筑的改造和新建筑的扩建有机结合，打造了与环境相融合、富有居家感的护理设施（图1~图3）。

图1　设施室外实景图

图2　设施入口实景图

图3　设施周边环境示意图

## ▶ 建筑及运营概况

| | | | |
|---|---|---|---|
| **地　　址** | 瑞典赫尔辛堡，比勒斯霍尔姆 Norra Vramsvägen 28 | **居室总数** | 34间 |
| **建成时间** | 2009年 | **床位总数** | 34床 |
| **建筑规模** | 地上1层 | **运营公司** | Partnergruppen |
| **建筑面积** | 2400m²（旧建筑部分1000m²，新建筑部分1400m²） | **设计单位** | Marge Arkitekter |
| | | **服务对象** | 需康复护理的老人、失智老人及部分有轻微精神疾病的人员 |

## ▶ 改造前情况及改造思路

设施位于瑞典南部赫尔辛堡市的诺拉弗拉姆（Norra Vram）地区，周边田野环绕，乡村独栋住宅星罗棋布，这些住宅具有瑞典南部典型地域特色。

设施整体采用"新旧结合"的改造思路（图4）。场地东侧为原有建筑，建于1887年，最初是一栋私人豪宅，后改为养老院。在设计中，保留了旧建筑的外观风格，结合护理服务需求，主要对其内部空间进行改造。场地西侧为扩建的新建筑，与旧建筑直接相连。设计时借鉴了瑞典南部老式农场的建筑形式，将建筑拆分为几组单体，沿着乡间小路平行延伸，形成错落布局。设施的主入口位于临近道路的北侧，设施东西两侧各有一个小花园。整个设施与周边环境和谐统一，富有地域特色（图5、图6）。

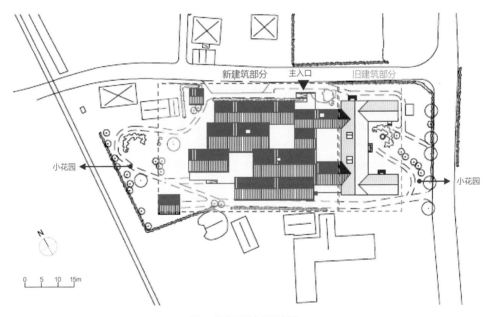

图4 设施平面布局示意图

图5 设施北立面

图6 设施南立面

## ▶ 特色 1：形成组团式庭院布局

设施三个居住组团围绕主入口大厅布局，组团之间围合形成三个室外庭院。每个组团可居住10~12人，其内部设有专属的公共起居厅，具备活动、就餐、备餐等功能。各组团的公共起居厅均与室外庭院相连，入住人员能够到方便地从公共起居厅到达庭院（图7）。

（a）组团一公共起居厅　（b）大厅图书区　（c）大厅咖啡吧　（d）组团三公共起居厅

公共起居厅位于组团内部相对居中的位置，确保从各个居室到达均较为近便

主入口大厅设置有接待处、图书区和小型咖啡吧等，形成一处功能灵活、富有趣味的公共空间

改造时将原有房间打通，形成开敞的公共活动区域

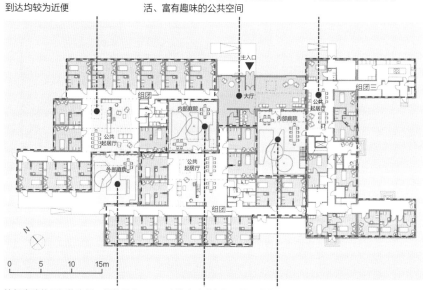

外部庭院位于设施南侧，相较于内部庭院，具有更开敞的景观，可以为入住人员提供与外界接触的环境

室外庭院毗邻组团的公共起居厅设置，既能给公共起居厅带来更好的景观效果，也吸引和鼓励入住人员进行室外活动。相对封闭的内部庭院设计，也能降低失智老人活动时走失的风险

（e）设施总平面图

（f）外部庭院景观　　　（g）老人在内部庭院活动　　　（h）内部庭院景观

图7　组团式庭院布局

## ▶ 特色2：新旧建筑实现有机融合

设施的建筑外观设计充分考虑了地域特色，在建筑风格和形态上与周边建筑保持和谐统一（图8），同时注重新旧建筑的协调性（图9）。新建筑采用与旧建筑颜色相近但更温馨、层次更丰富的橘色，简化坡屋顶形式，并采用更具现代感的建筑材料加以区分（图10、图11）。

图8　设施周边乡村住宅实景图

图9　设施改造后旧建筑部分的外观实景图

图10　设施新建筑部分的外观实景图

图11　设施与周边建筑相协调

## ▶ 特色3：营造居家感氛围

设施致力于营造出家一般亲切温暖的居住氛围。为了尽可能增加护理人员对入住人员照看的时间，将厨房、操作台等工作空间同公共起居厅设置在一起（图12），方便护理人员在进行配餐、洗涤等工作时兼顾照看老人，提高工作效率。

图12　公共起居厅与厨房、操作台等公共空间设置在一起，便于护理人员随时照看老人

公共起居厅是入住人员白天活动、用餐的主要场所，其一角的护理人员工作台做成了内嵌壁龛的形式（图13），可用下拉式帘子完全隐藏起来。这种设计让工作台消隐在入住人员的视线外，既消除了"住院"的感觉，又可降低失智老人误动工作台引发危险的可能。

设施室内的配色主要以温暖的橙色和黄色为主，在装饰和家具中多用木质、皮质、布艺等具有居家感的材料，营造出明亮、典雅、温馨的居家氛围（图14）。

图13　隐藏在墙壁里的工作台消除了"机构感"

图14　温馨的家具布置及室内配色营造居家氛围

## ▶ 特色4：细节设计保障特殊人群居住安全

设施收住的人员中包含失智老人和有轻微精神疾病的人群，因此要考虑针对这些特殊服务对象的安全措施。

设施中通向外部庭院或有安全隐患区域的门，都采用了特殊的设计。这些门锁上设置了一个金属盖，平时工作人员将门锁住后，可以将锁钮盖住隐藏起来（图15）。入住人员看不到锁钮，便不能打开门，降低其走失风险。

图15　部分外门设有隐藏锁钮的金属盖，防止特殊人群走失

图16　走廊中的窗为固定扇　　图17　居室的窗有小开启扇可供通风

为了防止特殊人群自行打开窗户，发生走失等危险情况，设施的公共起居厅和走廊的窗户均为不可开启的固定扇（图16）。居室的窗户则分成了一大一小两扇，大扇窗户为固定扇，需要通风的时候则可开启小扇窗户（图17）。

## ▶ 总结

本设施在建设时，充分保留和利用了原有建筑，通过将新建筑与旧建筑及周边环境充分融合，延续了地域特色。同时，设施充分尊重入住人员的感受，通过组团式的平面布局、居家感的氛围营造和保障特殊人群安全的细节设计等手法减少"住院感"，为入住人员营造亲切、熟悉的居住环境。

（执笔：丁剑秋；编审：林婧怡）

**图片来源**　图1、图2、图10、图14来自参考文献[1]；图7（g）、图11、图12来自参考文献[2]；图4~图6、图7（a）~图7（c）、图7（f）、图7（h）、图9、图13、图15~图17来自清华大学建筑学院周燕珉工作室；图7（e）改绘自参考文献[2]；图8来自谷歌街景；图3自绘。

**参考文献**　[1] https://www.marge.se/projects/norra-vram
　　　　　　[2] 周博，王维，郑文霞. 乡村养老：世界养老项目建设解析. 南京：江苏凤凰科学技术出版社，2016.

# 圣约瑟夫老年公寓与护理院
丹麦·哥本哈根

> **导读：** 项目保留了具有上百年历史的天主教修道院建筑，通过改造与新建相结合，形成了包含老年公寓和护理院的综合养老项目。在延续场地文脉的同时，传承了独特的天主教社区文化（图1~图3）。

图1　项目改造后效果图

图2　修道院外观

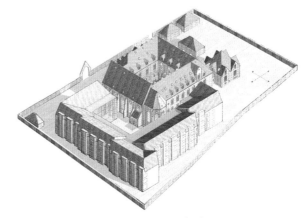

图3　项目轴测图

## ▶ 建筑及运营概况

**地　　址**　丹麦哥本哈根市 Strandvejen 91

**建成时间**　2019年

**建筑面积**　老年公寓4600m²，护理院7500m²

**建筑层数**　4层

**居室数量**　老年公寓居室29套，护理院居室92间

**工程造价**　2.33亿丹麦克朗
（约合2.44亿元人民币）

**设计单位**　Rubow Arkitekter

**运营单位**　住房组织Bo-Vita

**施工单位**　Enemærke & Petersen

## ▶ 改造前情况

　　项目所在的圣约瑟夫（St.Joseph）社区是一个有上百年历史的跨文化天主教社区，原为圣约瑟夫修女会所在地。圣约瑟夫修女会起源于法国，其宗旨是建设一个强大的宗教集体，以帮助穷人、病人和有需要的人。社区居住了很多天主教的信徒，也包括年老的修女、牧师们。

　　社区中有一座修道院，建于1905年，建筑为回形布局，高四层，北侧的部分是一座教堂。

　　2014 年，修道院所在用地被住房组织Bo-Vita收购，计划改造为养老项目，并为此举行了设计竞赛，Rubow Arkitekter事务所的改造方案最终中标。

## ▶ 改造内容清单

√ 将修道院改造为老年公寓，并在北侧新建一座护理院，其中教堂改造为活动中心（图4）；
√ 改造室外环境，包括中央广场、外围步道等。

## ▶ 特色1：发挥教堂的公共活动属性

　　传统意义上，教堂是城市生活的中心，设计团队从中得到启发，将教堂改造为社区的活动中心，希望延续其原有的公共属性与精神地位。教堂将老年公寓、护理院和户外环境连接在一起，成为整个社区的核心。

　　为了增强空间的公共性，在教堂的北立面增加了三个新的出入口，使教堂和中央广场有了直接的联系，更加开放（图5、图6）。教堂门厅一侧的仓库改造为卫生间，供活动人员使用。

　　由教堂的门厅还可以进入修道院的一层，这一区域改造后为健康服务区，内有康复、理疗、足疗、理发、牙医、水疗、健身和按摩等服务空间，老年公寓和护理院的居民均可使用。

　　北侧场地和教堂地面原先存在高差，改造时将中央广场及新建护理院的地面整体抬高，以便

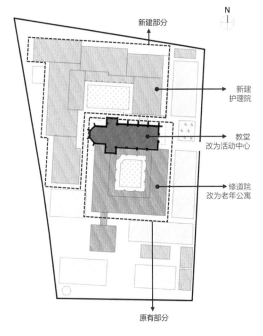

图4　总平面图

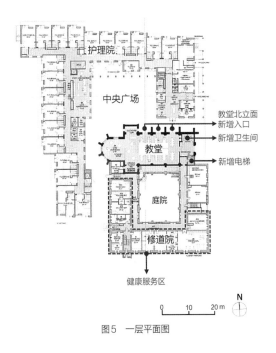

图5　一层平面图

图6　教堂北立面增加了面向中央广场的入口

图7　改造后教堂内部地面局部铺设木地板，划分活动区域

与教堂地面在同一高度，从而实现无障碍通行。

教堂与修道院地面之间也存在半层高差，改造时在教堂门厅靠近修道院的一侧加装了电梯。老人进入教堂门厅后，可乘电梯直接到达健康服务区。

为了满足多种活动需求，对教堂内部的功能布局和声光环境进行了相应的改造（图7～图9）。具体包括：

1. 室内设置了可移动的设备家具，例如四组高数米的大窗帘，可将内部空间进行多样的划分，一年四季可举办不同活动，例如音乐会、圣诞树聚会、体育活动等。在教堂的一侧设置了咖啡吧，柜台下部带有轮子，便于灵活移动。

2. 对两侧墙面的底部进行了改造，安装了集成供暖和吸声材料，改善了声和热的问题，为老人创造了更舒适的活动环境。

3. 为了创造舒适的视觉环境，在屋顶增加了照明，每组灯都可以单独调节，满足不同的使用场景。此外，还可以为特定需求编程控制灯光，创造更丰富的视觉效果。

4. 保留了原有独特的瓷砖地面，在局部区域叠加铺设了木地板，以不同的材质实现了活动与通行区域的划分。

| 日常 | 音乐会 | 大型晚宴 | 展览 |
| 作为咖啡厅使用 | 利用窗帘调节舞台声学效果 | 居民在此聚餐 | 窗帘作为隔断划分空间 |

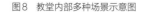

图8　教堂内部多种场景示意图

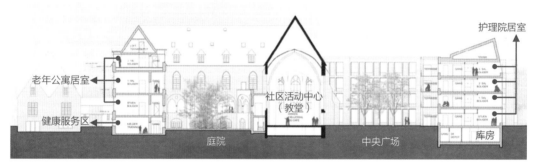

图9　项目南北向剖面图

## ▶ 特色2：注重提升室内居住品质

在将修道院改造为老年公寓时，对原有的布局进行了较大的调整——拆除了东西两侧靠近庭院一侧的房间，使走廊围绕庭院贯通（图10、图11）。这样一来，一方面能让老人在走廊中行走时即可看到庭院的景致（图12），另一方面也使东西两侧居室空间得以扩大。另外，由于三层的窗户离地面较高，改造时将三层地面整体抬高，以使室内获得更好的视野。

改造时尽可能地保留了修道院建筑原有的细节和构件，例如不拆除原有的木地板，仅对缺损的予以更换。改造后的公寓风格独特，室内宽敞明亮。户型多为一居室，面积空间宽裕，无障碍条件较好，不仅适合自理老人，也适合坐轮椅的老年人居住（图13）。

公寓的每层都设置了一些公共空间，二层有餐厅、备用客房，三层有公共起居室；三层公寓走廊可直接通向教堂内东侧的夹层空间，进行宗教活动。

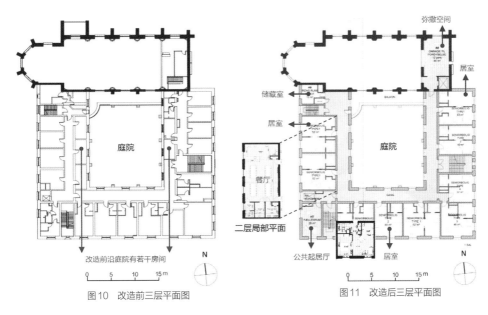

图10　改造前三层平面图　　　　　　图11　改造后三层平面图

图12　从老年公寓走廊可看到内庭院的景致

图13　老年公寓典型的一居室户型

场地北侧新建的护理院在设计时也非常注重为老年人提供更好的居住条件。所有居室沿平面外侧布置，享有周围城市街区的景观。居室内设有法式阳台和凸窗。凸窗为房间引入了更多方向的光线，半高的窗台也让坐轮椅的老人拥有了更好的视野。居室内除卫生间外，其他空间均开敞连通。居室卫生间采用宽推拉门，为老人和护理人员提供了无障碍的便利环境。

护理院的公共走廊沿平面内侧设置，结合走廊布置了就餐空间及分散的小型公共空间，均朝向中央广场。这些空间可以用于老人间的交往、家属探望，分散化的公共空间也为在室内散步的老人提供了随时可以休息的地方。护理院每层都有一个朝南的大露台，是老人日常聊天、活动的场所，从露台能够看到中央广场和教堂热闹的活动。护理院公共空间的连贯性和多样性，为老人的日常活动提供了便捷的条件和更多的选择（图14~图18）。

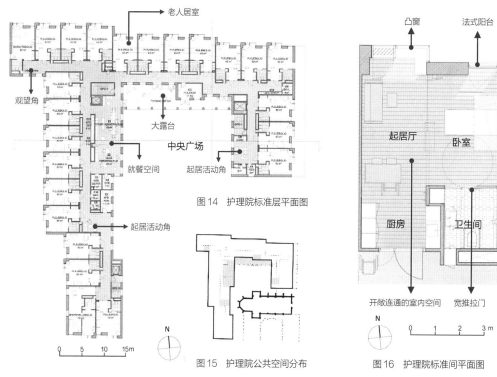

图14 护理院标准层平面图

图15 护理院公共空间分布

图16 护理院标准间平面图

图17 护理院居室室内效果图：设有法式阳台和凸窗

图18 从露台看向中央广场的效果图：老人可看到广场上的活动

## ▶ 特色3：丰富的室外活动空间

项目总体环境的改造宗旨是为老年人提供有吸引力、丰富的户外区域，三个具体目标是：提供安全而积极的环境、社交的机会和安静舒适的场所。

项目设计了多样化的户外区域，包括露台、中央广场、花园和外围的步道（图19）。

护理院一层居室带有露台，便于老人亲近户外自然景观（图20）。每层公共的南向大露台可饲养小动物，为老人提供有益的感官刺激，还能看到中央广场的热闹景象。中央广场采用了较城市化的形式，能够组织热闹的社区活动。建筑与外围保留的围墙形成了自然步道空间，可供老人锻炼（图21）；有人在外围的步道行走时，建筑周边的高差和绿化保障了居室内的隐私。

不同区域的差异性设计特征为居民带来多样化的生活，也提供了可识别的记忆标志物。丰富的空间序列为老人提供了更丰富的活动体验。

图19　项目景观平面图

图20　护理院一层居室露台便于老人亲近户外景观

图21　护理院外围的步道可供老人锻炼

## ▶ 总结

本项目的改造充分尊重了社区的历史文化，一方面延续并发扬了教堂的社区中心地位和象征意义，另一方面塑造了丰富的室内外公共空间，提升了居住空间品质，使老年人的养老生活更加舒适、多元。

（执笔：张泽菲；编审：林婧怡）

**图片来源**　图9、图20来自参考资料[2]；图12来自参考资料[3]；图7、图21来自参考资料[4]；其余均来自参考资料[1]。

**参考资料**　[1] Rubow Arkitekter, Enemærke & Petersen, Sweco. Seniorbofællesskab på Skt. Joseph-informationsmøde[R/OL]. https:// www.bo-vest.dk/media/4175/180221_sktj_praesentation_seniorboliger.pdf
　　　　　　[2] Rubow. Skt. Joseph[Z].https://rubowarkitekter.dk/?projekter=sct-joseph-2&rubowtax=1803
　　　　　　[3] Enemærke & Petersen[Z]. https://eogp.dk/nybyggeri-sct-joseph-kloster/
　　　　　　[4] Byggeplads[Z]. https://www.byggeplads.dk/byggeri/plejecenter-genoptraening/sankt-joseph/
　　　　　　[5] Bo-Vest[Z]. https://www.bo-vest.dk/byggeri/nybyggeri/sankt-joseph/projektet/

# 德本灵青老共居公寓

荷兰·海尔德兰

**导读：** 项目将老年公寓与青年公寓搭配结合，并与周边社区开放融合，通过代际混合的居住模式，提升了社区活力，成功实现了项目的可持续转型和对既有街区环境的延续性保护（图1~图3）。

图1 设施外观

图2 设施外部环境

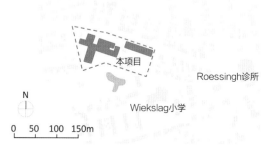

图3 设施周边环境示意图

## ▶ 建筑概况

| | |
|---|---|
| **地　　址** | 荷兰海尔德兰省Voorst镇 |
| **建成时间** | 2016年 |
| **建筑层数** | 老年公寓3层，青年公寓2层 |
| **建筑面积** | 老年公寓5824m² |
| **开发单位** | Habion公司 |

## ▶ 运营概况

| | |
|---|---|
| **居室总数** | 老年公寓居室74间，青年公寓居室18间 |
| **住户特征** | 约90%为老年住户（55岁以上，其中大多数为80岁以上），约10%为年轻住户（22岁以下） |
| **运营单位** | Sensire & 's Heeren Loo |

## 改造前问题

项目原先由一栋三层的主体建筑、与主体建筑相连的一层附属建筑，以及一栋二层高的板式联排建筑组成，主要功能为家庭护理和精神疾病护理设施（图4、图5）。

近年来，荷兰对护理机构的需求量减少，政府不再提倡建设传统形式的护理设施，已有的护理设施出现过剩问题。在这一背景下，开发商经过对当地居民需求的调研，决定对原项目进行重新开发，使之转型为适应居民新需求的开放融合的居住社区。

原建筑建设于1971年，存在居室空间局促、卫生间狭小等问题，已经不能满足当今时代的居住需求。周边场地也空旷荒废，环境亟待改善。

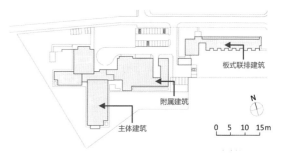

图4 项目改造前平面图

图5 原建筑外观

## 改造内容清单

√ 主体建筑改造：将建筑功能从护理设施转变为老年公寓，拆除、合并部分房间，并改造居室内部功能布局；营造公共空间，配置多种共享功能。

√ 板式联排建筑改造：功能从老年居住建筑变为青年公寓。

√ 附属建筑及周边场地改造：设置主题花园、采摘园、菜园、健身馆和社团中心等。

## 特色1：微调建筑结构，提升居住品质

项目原先作为护理设施，居室面积很小。改造时在尽量充分地利用原有建筑结构特征的前提下，为了提升其空间品质，将部分相邻居室进行合并，使其面积从23~24m$^2$增加到46~48m$^2$，总居室数量从96间减少到74间（图6~图8）。

考虑老年公寓住户的独立生活需求，在居室内增设了开敞式厨房，扩大了卫生间面积并调整设施设备布局，增设了储藏间（图9~图11）。

图6 改造后居室平面图

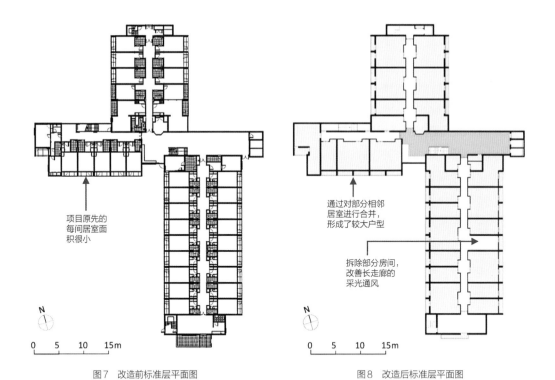

项目原先的
每间居室面
积很小

通过对部分相邻
居室进行合并，
形成了较大户型

拆除部分房间，
改善长走廊的
采光通风

N

0　5　10　15m

N

0　5　10　15m

图7　改造前标准层平面图　　　　　　　　　　图8　改造后标准层平面图

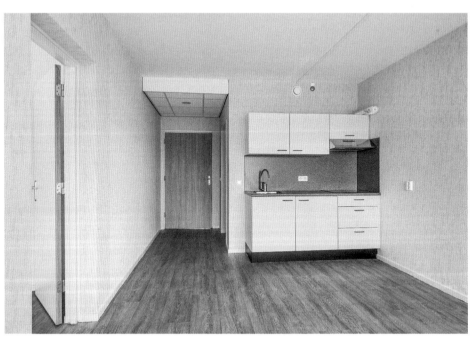

图9　改造后居室门厅与开敞式厨房

图10 改造后居室卫生间

增加双侧扶手，便于老人通行时扶握

图11 改造后公共走廊

### ▶ 特色2：设置青年公寓，打造混龄社区

　　项目将原来的二层板式联排建筑改造为青年公寓，面向20多岁的年轻人进行出租（图12）。年轻人在租住前，需接受测试以确认自己适合与老人们住在一起。他们的租赁合同中还包含社工义务，需要每月为老年公寓义务工作4个小时。

　　老年人和年轻人可以共同使用公共厨房、共享客厅、超市等空间，这一混龄居住方式实现了住户的代际混合，有助于为老年人和年轻人提供更为积极的生活方式，促进双方相互学习、相互帮助。

图12 青年公寓外观

### ▶ 特色3：营造公共空间，促进居民交往

　　改造时，在老年公寓公共区域增设了公共厨房、共享客厅等空间，在共享客厅中还设置了一个壁炉（图13~图16）。住户们可以在这里相互认识与交流，围坐在壁炉边一起聊天。这些公共空间也向社区中的年轻住户开放，为他们创造与老年人交流的机会，也使住在这里的老年人仍能保持与社会的接触。

图13 共享客厅与壁炉为居民提供交往空间

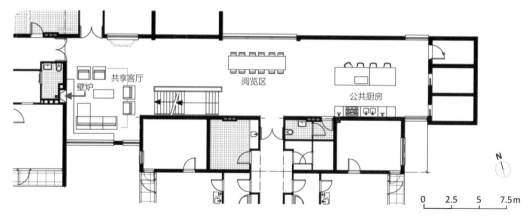

图14　老年公寓公共区域平面图

图15　阅览区为老年人和年轻人提供交流契机

图16　公共厨房可供老年人和年轻人共同使用

在促进社区内住户交流的同时，项目还积极促进住户与小镇上其他居民的交流融合。

原先的一层附属建筑被改造为俱乐部和对外出租的商业空间（图17）。周边社区的居民可以使用这里的活动室，还可逛一逛二手商店。原场地中的停车场和大片空地也被集约地利用起来，变成了主题花园、采摘园、菜园、茶馆、自行车维修处、健身馆和社团中心等（图18~图20）。这些场所也都对外开放，既满足了住户和居民的休闲需求，同时还让他们有了更多的交流机会（图21）。

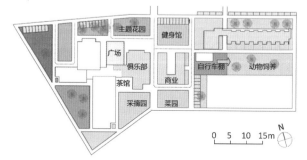

图17　改造后社区公共空间及场地功能示意图

图18　将原场地中的停车场和大片空地改造为对外开放的菜园

图19 二手商店可促进住户与小镇上其他居民的互动交流

图20 主题花园满足了住户和居民的休闲需求

图21 利用项目的公共空间开展丰富的社区活动

## ▶ 总结

　　本项目响应政策导向，对建筑功能重新定位，以迎合当前的适老化居住需求。在完成功能转型和空间品质提升的同时，还植入了新的生活方式与社区营造理念，实现了青老共居、社区共融的居住模式。

（执笔：范子琪；编审：林婧怡）

---

**图片来源**　图1、图13 来自参考文献[2]；
　　　　　　图2、图6、图9~图11、图15、图16、图20来自https://ikwilhuren.nu/voorst/de-benring/tuinstraat-51-147/34364984；
　　　　　　图3 作者自绘；
　　　　　　图4、图5、图7、图8、图12、图14、图17、图19 均来自参考文献[1]；
　　　　　　图18、图21 来自参考文献[3]。

**参考文献**　[1] JOOST V H, BOERENFIJN P. Re-inventing existing real estate of social housing for older people: building a new de benring in Voorst, The Netherlands[J]. Buildings, MDPI AG, 2018, 8(7): 89.
　　　　　　[2] http://woonzorgcooperatievoorst.nl/
　　　　　　[3] http://www.invoorzorg.nl/interview-Burgerinitiatief-blaast-verzorgingshuis-De-Benring-nieuw-leven-in.html

# 国内案例

# 有颐居中央党校养老照料中心

中国·北京

> **导读：** 本项目将社区配套的办公用房改造为基本医疗服务和养老服务设施，在为周边居民和老人提供基本医疗和康复治疗的同时，提供机构养老、日间照料、餐饮和助浴等服务，是一个典型的医养结合设施（图1~图3）。

图1　设施外观

图2　康复室

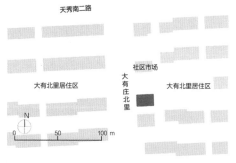

图3　项目区位

## ▶ 建筑概况

| | |
|---|---|
| **地　　址** | 北京市海淀区大有北里143号楼 |
| **建成时间** | 2016年10月 |
| **建筑规模** | 地上3层，地下1层 |
| **建筑面积** | 1278m² |
| **咨询设计** | 清华大学建筑学院周燕珉工作室<br>法国 AIA 建筑工程联合设计集团<br>中国中轻国际工程有限公司 |

## ▶ 运营概况

| | |
|---|---|
| **居室总数** | 13间 |
| **床位总数** | 28床 |
| **护理员人数** | 白天6人、夜间3人 |
| **运营单位** | 北京康颐健康管理有限公司 |

## ▶ 改造前情况

设施位于北京市海淀区一个小区当中，原为社区配套的办公用房，建筑整体质量较好，基本满足公共建筑设计规范（图4~图7）。

1. 平面布局：建筑平面功能较为集中紧凑，楼电梯及卫生间集中位于楼栋东北角。建筑内部空间分隔较匀质，存在较多小房间。门厅及走廊空间较为狭窄，公共空间数量较少且品质不佳。

2. 建筑结构：建筑采用框架结构体系，柱垮多为6.6m，局部为8.4m，除地下一层外墙外，所有墙体均可拆除，因此设施内部格局及外立面的改造较为灵活。

3. 房间尺度：原建筑中小房间面宽2.2~4m，多为3.3m，进深4.5~6.6m，多为6.6m，较符合养老设施中居室的尺度要求。原建筑三层设有约10m×13m的较大开敞空间，其余层大房间尺寸约为6m×6m。改造中需对不同尺度空间的分布进行调整。

4. 上下水布置情况：原建筑首层及地下一层的房间内设置了洗手盆，为项目改造过程中诊室的改造工作预留了条件。

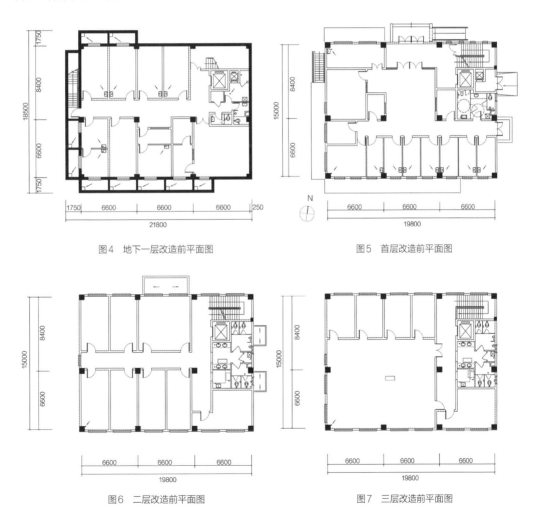

图4　地下一层改造前平面图　　　　　　　　　图5　首层改造前平面图

图6　二层改造前平面图　　　　　　　　　　图7　三层改造前平面图

## ▶ 改造内容清单

√ 建筑门厅向外拓展，结合外立面进行设计，强化建筑出入口；

√ 拆除原建筑局部小房间隔墙，形成公共活动空间；

√ 拓宽走廊，并在走廊中加设连续的扶手，为老人提供活动及锻炼空间；

√ 室内进行无障碍改造，包括消除室内高差、安装扶手、采用适老化照明等；

√ 结合老人的身体情况购置适老化家具及辅具。

## ▶ 特色1：医养结合，小规模、多功能

项目在改造过程中，将医疗康复功能放置在方便到达的首层与地下一层。并且，为满足周边老人的需求，设计中将建筑二至三层改为养老照料中心，提供长短期入住、日间照料、餐饮和洗浴等服务。

改造后的建筑地下层主要布置了药房、治疗室、检验科等使用频率相对较低，对自然通风采光条件要求不那么苛刻的医疗用房，以尽可能降低患者就医过程中往返于首层与地下层之间的频率。由于煎药室对通风要求较高，设计中也为其预留了窗井（图8~图11）。

此外，地下层远离主要楼电梯的一侧还设有办公室、会议区、更衣室等辅助服务空间，这部分员工后勤区域通过帘子与患者诊疗区域划分，供社区卫生服务站和养老照料中心的员工使用。员工后勤区中的临时会议区兼多功能室采用半开敞形式，能够灵活满足开会、员工用餐、临时办公、健康教育等活动的使用需求（图12）。

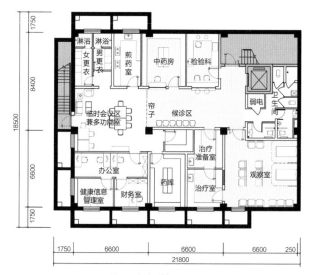

图8　改造后地下层平面图

图9　中药房与检验科设服务窗口

图10　煎药室

图11　治疗室

图12　员工临时会议室

首层设社区卫生服务站与社区养老照料中心共用的门厅，内部围绕候诊区，设置了使用频率较高的医疗用房，包括诊室、西药房、运动康复大厅和理疗室（图13~图16）。

通过共用门厅，老人也可乘电梯直达建筑二至三层的养老照料中心，每层为一个养护单元。养护单元采用组团式布局，设有14张床位，及供老人活动、用餐的公共起居厅和配套的辅助服务用房，包括更衣室、助浴间和公共卫生间等。

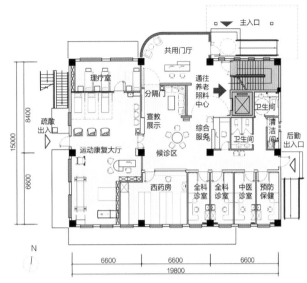

图13　改造后首层平面图

图14　首层候诊区

图15　理疗室

图16　西药房

## ▶ 特色2：针对不同客群分别设计流线，医养互不干扰

改造后的建筑首层设置了养老设施和社区卫生服务站的共用门厅，通过在门厅与候诊区之间的隔断门划分医疗机构与养老设施的空间和流线（图17）。

在社区卫生服务站的营业时段，打开分隔门，其可与养老设施共同使用门厅，节省了空间与人力；在社区卫生服务站的非营业时段，隔断门关闭后，来访人员依然可以通过共用门厅乘坐电梯到达楼上的养老设施照料单元。

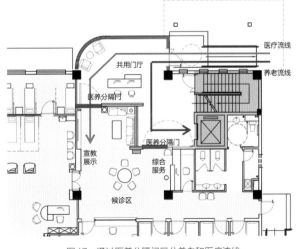

图17　通过医养分隔门区分养老和医疗流线

## ▶ 特色3：利用框架结构优势，灵活改造照料单元

设施二、三层为社区养老照料中心，改造方案在建筑西部走廊两侧布置尺寸为3.1m×6.6m的双人居室（图18），并在三层取消局部隔墙，设置四人居室，以满足不同照护等级老人的需求（图19、图20）。

设施还对原建筑东南角、临近楼电梯间部分的建筑结构进行了整理。在走廊一侧集中设置助浴间、卫生间、服务台及备餐台等后勤服务空间，并将原建筑南向房间的墙体进行打通和拆除，在紧邻后勤服务空间处打造开放、具有良好采光和通风的护理组团起居厅。

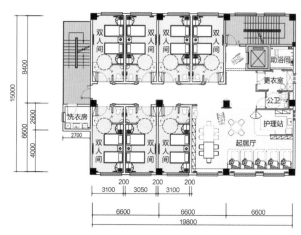

图19 改造后二层平面图

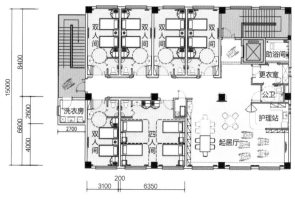

图18 老人居室

图20 改造后三层平面图

## ▶ 特色4：护理站设置在中心位置，便于同时看护

据院长介绍，设计方案中首层康复大厅护理站布置在大厅一角，靠近大厅入口的位置。在实际使用过程中，老人进入康复大厅往往已有医护人员的陪同，而在进行康复训练的过程中，通常需要护理人员的看护以及与护理人员进行交流。

因此在设施的运营阶段，将护理站设置在了中心位置，使用过程中护理员能同时看护使用不同器械的老人，并且保证护理站距各个器械均较为近便，便于护理人员及时帮助老人（图21）。

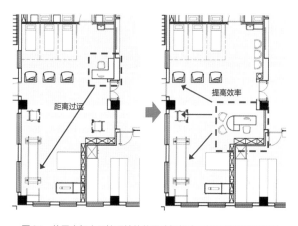

图21 首层康复大厅护理站的位置选择提高了护理站的使用效率

## ▶ 特色5：贴心周到的无障碍设计

为满足老年人的使用需求，营造安全、方便、舒适的生活环境，设施做了周到、细致的无障碍设计，充分体现了对老人的关怀。

改造时在走廊中加设了双侧扶手以保障老人步行安全（图22），同时在走廊底部设置小夜灯，保证了老人在夜间行走的安全（图23）。在前台的低位服务台边上，设置了小沙发，为老人在前台咨询办手续提供了比较舒适的环境（图24）。

设施洗浴空间的设计也充分考虑了老人的需求。浴室中除了一般的淋浴外，还准备了浴凳供老人坐浴（图25）。对于护理程度较高的老人，助浴间还设置了折叠式浴床，方便老人躺浴。此外，助浴间还采用了无高差设计，以排水篦子代替门槛解决排水的问题，方便轮椅通行，也避免了门口的高差变化引起老人跌倒的风险（图26）。

图22　走廊双侧扶手　　　　　图23　小夜灯

图24　低位服务台前设置休息沙发

图25　助浴间无高差设计

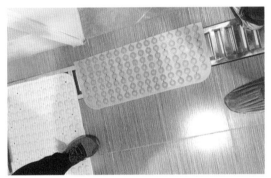

图26　助浴间

## ▶ 总结

本项目借助老旧小区改造的契机，利用原有建筑框架结构的优势，将社区配套建筑改造成为社区养老服务设施和社区卫生服务站，并在设计中注重流线设计，保证了医、养互不干扰。本项目为入住老人和社区居民就近看病提供了便利条件，这种医养结合的建设模式值得推广。

（执笔：张昕艺；编审：王春彧）

**图片来源**　图4~图8、图13、图17、图19~图21为作者根据相关资料自绘或改绘；图1、图9、图14、图18来自有颐居中央党校养老照料中心；其他均来自清华大学建筑学院周燕珉工作室。

# 大栅栏街道银鹤苑养老驿站

中国·北京

**导读：** 城市核心区的历史街区和老旧小区众多，土地资源稀缺，发展社区养老服务设施大多只能以旧建筑改造为主，空间设计受到严重制约。本项目就是一个将多种功能既有建筑改造为社区养老服务设施典型案例（图1~图3）。

图1 设施主入口透视图

图2 设施入口透视图

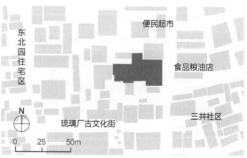

图3 设施区位图

## ▶ 建筑概况

| | |
|---|---|
| **地　　址** | 北京市西城区大栅栏延寿街47号 |
| **建成时间** | 2017年3月 |
| **建筑规模** | 2层 |
| **建筑面积** | 1150.89m² |
| **设计团队** | 清华大学建筑学院程晓青副教授团队 |

## ▶ 运营概况

**主要功能** 老年人日间照料、老年餐厅、医疗康复、社区综合服务（如家政、理发、法律咨询、心理关爱、志愿服务等）

## ▶ 改造前情况

该项目位于北京中心城区的大栅栏历史文化街区，周边生活服务设施较为齐全；设施立足社区，面向周边的老年居民提供社区和居家养老服务。原址为四栋建筑，包括超市（最初为菜市场）、职工宿舍、商铺、储藏室等。改造前的主要问题如下：

1. 用地单面朝街，对外出口少，不利于组织安全疏散。

2. 原有建筑结构陈旧，安全性差。主体建筑始建于20世纪70年代，早期功能为菜市场，单层大跨砖混结构，后因改为超市（一层）和宿舍（二层）而在室内做了轻钢夹层，抗震设防烈度未达到老年人建筑所要求的标准；南侧为砖混平房，西侧为两层轻钢临时建筑，北侧则为砖木平房，整体结构安全堪忧（图4、图5）。

3. 地处胡同片区，周边建筑密集，原有建筑近3/4的墙体与相邻建筑贴建，只有局部存在1~2m的间距，设施内部的采光通风受到极大影响。

4. 该片区市政基础薄弱，辖区内在改造前仍未通天然气，未实现雨污分流，且仅在公共厕所设有化粪池，严重制约项目所需的配套设施设计。

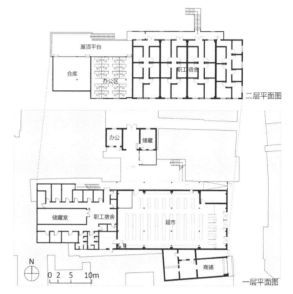

图4　改造前建筑平面图

图5　改造前建筑沿延寿街的主要立面

## ▶ 改造内容清单

√ 改进疏散：保留与周边胡同的三处接口，于东侧沿街设置建筑主入口和内院次入口，于北侧设置内院主入口；扩大北侧通往内院的入口宽度，满足大栅栏特有的小型消防车辆通行；

√ 改造结构：保留北侧砖木建筑、改造和加固主体砖混排架建筑、翻建结构安全度最低的南侧和西侧建筑，同时做好护坡和支护；

√ 优化采光：拓展原有内院的外墙长度，增加开窗机会，并拆除其中加建的封闭外挂走廊，内缩部分墙体，清除缝隙夹道内的杂物和私搭乱建；设置通高中庭，增设天窗；

√ 改造排水：采用"双路"污水系统，普通情况下污水排入自设的独立式小型微生物降解化粪池，峰值情况下排入附近的公厕化粪池；采用雨污分流排放方式，为未来改善后的市政管网预留接口；

√ 完善室内适老化设计：设置电梯、设计多条回游动线、出入口设置缓坡、采用防滑地胶和地砖、连续扶手、轻便家具，设置色彩标识系统等。

改造后建筑平面图如图6所示。

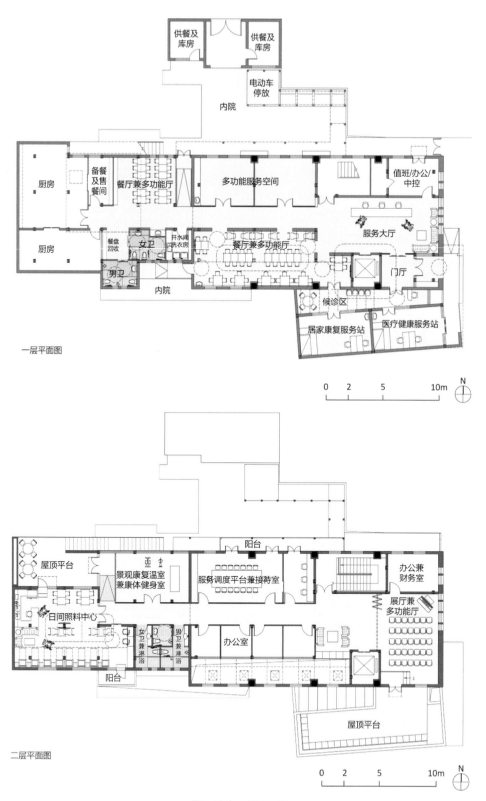

供餐及库房
供餐及库房
电动车停放
内院

厨房
备餐及售餐间
餐厅兼多功能厅
多功能服务空间
值班/办公/中控

厨房
餐盘回收
女卫
开水间洗衣房
餐厅兼多功能厅
服务大厅
男卫
内院
门厅
候诊区
居家康复服务站
医疗健康服务站

一层平面图

0  2  5  10m    N

屋顶平台
景观康复温室兼康体健身室
阳台
服务调度平台兼接待室
办公兼财务室
日间照料中心
女卫兼淋浴
男卫兼淋浴
展厅兼多功能厅
阳台
办公室
屋顶平台

二层平面图

0  2  5  10m    N

图6　改造后建筑平面图

## ▶ 特色1：多种加固措施解决不同的结构安全问题

改造前，既有建筑的结构安全鉴定结果显示其综合抗震能力不足，因此，设计团队改造中对各结构构件采用了适宜的加固措施。

例如，在基础加固方面，浅埋深筏板基础抗沉降，并在基础两侧浇筑混凝土；采取邻建支护和地基护坡等手段避免对周围建筑产生影响。

在主体建筑墙体加固方面，先对原砖墙进行钢筋拉结锚固，再在墙体双侧各喷射80mm厚（或单侧喷射120mm厚）混凝土层（图7）。

在主体建筑结构改造方面，在原有结构体系中"植入"新建钢结构，二者相互独立：新结构边柱与原结构柱之间保留了2.4m的轴线距离，楼板边缘出挑至原有墙体；新旧结构之间设置150mm水平抗震缝或50mm垂直板缝，并以抗震缝做法填塞缝隙（图8、图9）。

此外，还有圈梁补浇、屋面叠合层补强、排架梁碳纤维网加固等措施。

图7　砖墙锚喷加固

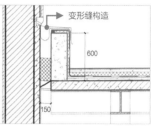

图8　新旧结构间设水平抗震缝

新结构边柱与原结构柱保留2.4m轴线距离，并出挑楼板

图9　新建钢结构与原有砖墙结构相互独立

## ▶ 特色2：多种设计手法改善室内采光通风

为改善室内采光和通风条件，设计团队对原有内院空间进行了调整，通过拆除加建的封闭外挂走廊，内缩部分墙体，清除缝隙夹道内杂物和私搭乱建等方法，增设了一处小庭院和多处屋顶平台（图10）。

如此一来，每一个室外空间均和一个室内公共空间相对应，使得老人无论身处哪个室内公共空间，都能接触自然。

图10　通过拆改、清理而获得的二层屋顶平台

设计团队还在二层设置了一个景观温室兼康体健身室，空间两侧为大面积通透玻璃，既引入了充足的光线，创造了良好的通风条件，又契合了老年人做景观康复治疗的需求，还避免了对相邻民居的日照遮挡，整体上达到了很好的空间服务效果（图11）。

此外，由于主体建筑与相邻建筑贴建，南侧立面一层无法开设窗户，而仅有的几个小高窗无法满足采光需求，设计团队通过在肋间开洞，并进行局部加固的方法，增设了天窗，巧妙应对了原有的开窗限制（图12）。

每个天窗都采用竖向井壁的方式，有效避免了眩光，并利于屋面防水，且粉刷成橘黄、浅黄、黄绿、浅绿等颜色，丰富了中庭的色彩效果，成为室内核心空间（图13）。

图11　二层景观温室，为老年人提供了接触自然的条件

图12　肋间开洞施工过程　　　　图13　彩色天窗

## ▶ 特色3：整合多元功能需求，服务空间一室多用

综合型社区养老服务设施需要容纳众多服务类型，但用地面积通常较为局促，如何在有限的空间中尽可能满足多样的服务需求是设计的一大难题。该项目通过功能整合、一室多用、分时利用等方式有效地提高了空间的利用率，实现了"麻雀虽小，五脏俱全"的服务效果。

例如，一层的多功能服务空间每周定期为老年人提供理发、维修和心理辅导等不同服务；餐厅兼作多功能活动室，在非就餐时间，可改变桌椅布置方式，进行开会、讲座、会客、康复训练等活动（图14），必要时，还可结合服务大厅和走廊使用，增大使用面积与服务人数。

此外，二层的展厅也可以兼作多功能活动室，并且与电梯厅开放连通，必要时可以在更大范围内灵活布置展板或展台（图15）。

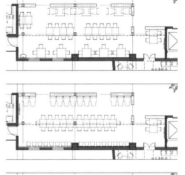

场景1：就餐
座椅多方向分组布置

场景2：联欢
座椅居中拼接或兜圈布置

场景3：讲座
座椅单方向分组布置

图14　一层餐厅的多功能应用场景示例

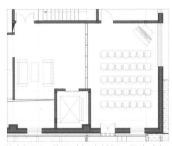 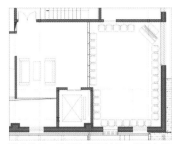 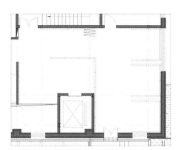

讲座场景：将活动门扇关闭，居中成组布置座椅，北侧墙设置讲台，该厅可为约35人提供集会场所

联欢场景：将活动门扇关闭，兜圈布置座椅，中部空间留为舞台，该厅可为约35人提供联欢场所

展览场景：将活动门扇打开，结合电梯和楼梯前厅，可灵活布置展板或展台，该厅可提供约80m²的展览空间

图15　二层展厅活动室的多功能应用场景

▶ **特色4：设置色彩标识系统，强化空间导向性**

针对设施服务功能较多、老年人不易识别的问题，设施在不同功能区采用了差异化的色彩以及清晰、简明、大字体的标识系统，提高了空间的导向性和可识别性，满足了老年人的行动需求。

例如，餐厅采用黄色系、社区服务采用绿色系、卫生间和淋浴间采用紫色系，同时增大卫生间、取餐、推盘和呼梯按钮等标识的尺寸，引导老年人轻松识别与定位（图16~图18）。

图16　紫色系的卫浴区域　　　图17　绿色系的社区服务区域

图18　黄色系的社区服务及窗口的大标识

▶ **总结**

大栅栏街道银鹤苑养老驿站是一个典型的"小规模多功能"综合型社区养老服务设施。在实践过程中，设计团队先对既有建筑进行了结构安全鉴定，而后采取了建筑设计与结构加固全程配合协作的方式，很好地实现了对原有建筑的优化。此外，设计团队通过功能的高效组织、巧妙的空间设计（如增设天窗、院落、屋顶平台）和人性化的细节处理（如设置空间色彩系统），有效回应了原有场地或建筑中的不足，尽可能地为社区老人乃至其他社区居民打造一处实用、贴心、友善、舒适的活动空间。

（执笔：梁效绯；编审：王春彧）

**图片来源**　图3由作者根据百度地图自绘；其余图片均来自清华大学建筑学院程晓青副教授团队。

**参考文献**　[1]程晓青,张华西,尹思谨.既有建筑适老化改造的社区实践：北京市大栅栏社区养老服务驿站营建启示[J].建筑学报,2018(08):62-67.

# 首开寸草望京老年介护中心
中国·北京

**导读：** 酒店建筑的空间与养老设施有许多相似之处，因此将嵌入社区的酒店旧建筑改造为入住类养老设施是非常合理的。本项目就是一个典型例子（图1~图4）。

图1　设施主入口透视图

图2　设施外观透视图

图3　设施区位图

## ▶ 建筑概况

地　　址　北京市朝阳区花家地2号楼

建成时间　2019年5月

建筑规模　地上5层，地下1层

建筑面积　地上3543m²，地下688m²

建筑设计　北京市建筑设计研究院有限公司
　　　　　第六设计院

景观设计　北京天鸿圆方建筑设计有限公司

## ▶ 运营概况

居室总数　82间

床位总数　112床

运营单位　北京首开寸草养老服务公司

收费标准　床位费（3000~7000元/间/月）+
　　　　　护理费（3000~10000元/人/月）+
　　　　　餐费（1800元/人/月）
　　　　　（2019年标准）

## ▶ 改造前情况

　　该建筑原为花家地小区旁的一处快捷酒店（图5），空间布局上存在制约，结构、无障碍、消防等方面存在的问题也不满足新的需求。

　　1. 平面布局：建筑平面呈L形，中间为走廊，两侧布置客房，公共空间品质不佳，走廊冗长单调（图6）。

　　2. 建筑结构：原建筑为砖混结构，经鉴定原结构不满足现行规范要求，需要进行结构加固。

　　3. 房间尺度：原建筑中客房的面宽为3.3m，进深5m，并且结构加固后两侧墙体将进一步增厚，房间净尺寸和面积狭小，使居室布置面临很大困难（图7、图8）。

　　4. 无障碍通行：建筑室内外高差为1.2m，原设计未考虑无障碍坡道，室内未设置电梯，进行无障碍改造的难度和工程量都较大。

　　5. 消防设施：消防系统和设施与现行消防规范要求有较大差距，仅有一处约20m³消防水池，需进行消防改造。

图4　原酒店建筑首层平面

图5　原酒店外观照片

图6　原酒店走廊单调，采光不佳

图7　原酒店会议室照片

图8　原客房卫生间照片

▶ **改造内容清单**

√ 增加公共空间：原建筑南侧部分客房合并形成公共起居厅、首层多功能活动区，厨房屋顶改造为室外露台；

√ 建筑结构加固：原有砖混结构承重墙加固；

√ 居室布局优化：居室卫生间隔墙拆除，角部采用推拉门；居室部品布局调整；

√ 无障碍改造：包括增设医用电梯、坡道，消除室内高差，安装扶手，设置适老化照明、防滑地面等；

√ 增设消防水池：增设室外混凝土消防水池，顶盖与厨房相连，同时增加屋顶露台面积；

√ 根据养老设施的需求，重置立面、内装和家具等设计。

▶ **特色1："无中生有"的公共空间**

为增加设施内部的公共活动空间，改造时在各楼层中正南朝向、交通最便利的位置，对5间客房的墙体进行开洞，打通形成公共起居厅，在每层楼形成了组团活动的公共区域，配置了客厅、餐厅等功能空间（图9）。

首层的端部房间也采用同样的手法，创造多功能复合空间，不仅为机构入住老人提供康复训练等服务，同时为社区和居家老人开展党建、公共活动提供空间（图10）。

设施还将厨房屋顶改造为室外露台，并借助相邻位置增设室外混凝土消防水池，将水池顶盖与厨房屋面相连，增加了室外露台的面积，为老人和员工提供了充满阳光的室外活动空间（图11~图13）。

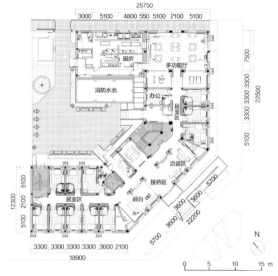

图10 改造后首层平面图

图9 改造后的标准层公共起居厅大空间

图11 改造后二层平面图

图12　一层端头拆除部分隔墙，形成多功能复合空间

图13　老人们在多功能空间开展党建活动

## ▶ 特色2：合理可行的结构改造方案

　　原建筑建于20世纪90年代初，为砖混结构，已不符合现在的安全要求，亟需加固处理来提高建筑的综合抗震能力指数。改造中采用60mm厚钢筋混凝土板墙，对地下一层至地上五层的墙体进行加固。

　　原建筑走廊两侧和客房的隔墙均为承重墙，但为了获得较大的公共空间，需要对墙体开洞，因此改造中采用了双梁托换墙体技术，即在洞口上方增设两侧托梁，将上部荷载传给两侧增设的混凝土板墙，之后传至基础。保留的承重墙墙垛为600mm长，采用暖色材质包裹，让公共空间不会因为多出的墙垛而显得压抑（图14~图16）。

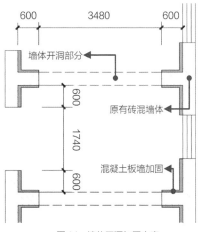

图14　墙体开洞加固方案

图15　公共空间中的墙垛结构

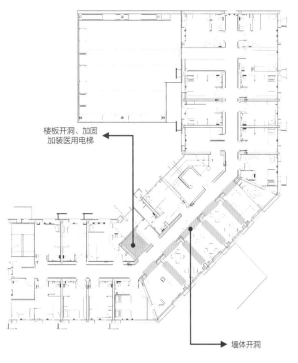

图16　二层平面结构改造示意图

## ▶ 特色3：舒适紧凑的老人居室改造

由于原有客房狭小，考虑到运营需求和空间品质，改造中将大部分标间双床客房改造为单人间，仅在特殊位置设置了少量双人间、套间。

居室改造设计中，首先，卫生间的实体隔墙被拆除，采用上悬折叠门与居室分隔，卫生间不使用时，门可以完全打开，使轮椅回转更方便；同时，还将老人床靠墙放置，为居室中部留下更宽敞的使用空间（图17~图21）。

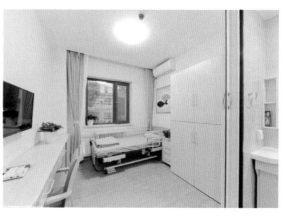

图17 改造后的居室空间布局更加宽敞

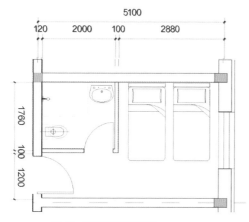

图18 客房改造前平面图

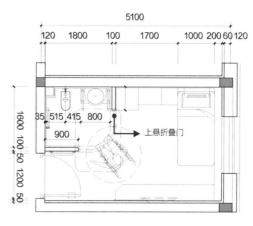

上悬折叠门

图19 居室改造后平面图

图20 居室卫生间照片

图21 居室入口视角下，卫生间的上悬折叠门

## ▶ 特色4："去机构化"的室内设计

设施的室内设计为老年人营造了居家感和自然的氛围，达到了"去机构化"的效果。

设施中设置了"燕京图书馆""春晖供销社""小剧场"等具有年代感的空间场景，把怀旧空间场景和老物件放在老人生活空间里。老人们可以在六七十年代的"老家"闲坐慢谈，到"春晖供销社"选购一些商品（图22~图24）。

同时，设施还设置了种类丰富的蔬菜种植箱，将种植疗法、宠物疗法和室内空间环境设计结合在一起，对长期卧床和失智老人起到疗愈作用。护理人员还在小推车里种植麦苗，送到长期卧床的老人旁边，让他们可以亲手触摸（图25）。

图22　具有怀旧感的"春晖供销社"布置

图23　一层多功能活动空间

图24　设施中的怀旧空间

图25　公共空间中的蔬菜和绿植

## ▶ 总结

本项目充分利用了原有快捷酒店建筑的条件，协调了各方制约因素。在结构改造中，采用了适宜的技术方案，对原有砖混结构进行了强化；在公共空间、居室改造中，运用多种设计手法，变狭小为宽敞、变封闭为通透，创造了适宜老年人居住的空间环境。本项目为类似的存量建筑的更新改造建设提供了借鉴与启发。

（执笔：范子琪；编审：王春彧）

**图片来源**　图3、图4、图10、图11、图14、图16为作者根据相关资料自绘或改绘；其他由北京市建筑设计研究院有限公司提供。

**参考文献**　[1] 李阳,张俏,张国庆.某老旧房屋砌体结构抗震加固及改造设计[J].建筑结构,2019,49(18):136-140+135.

# 首开寸草亚运村社区养老设施
中国·北京

**导读：** 该项目是亚运村安慧里小区内的办公楼建筑改造更新，主要为社区内及周边的高龄失能、失智老人提供照护。改造中采用了可持续的建筑体系，具有创新性和前瞻性（图1~图3）。

图1 设施外观

图2 设施主入口

图3 设施区位图

▶ **建筑概况**

| | |
|---|---|
| 地　　址 | 北京市朝阳区安慧里一区甲12号 |
| 建筑规模 | 4层 |
| 建筑面积 | 2232m² |
| 设计单位 | 中国建筑标准设计研究院有限公司 |
| | 刘东卫工作室 |

▶ **运营概况**

| | |
|---|---|
| 居室总数 | 40间 |
| 床位总数 | 50床 |
| 运营单位 | 北京首开寸草养老服务公司 |
| 开业时间 | 2017年6月 |

## ▶ 改造前情况

设施原为小区综合服务楼，属办公建筑，改造中存在诸多挑战。

1. 建筑结构：建筑北侧为砖混结构横墙承重体系，仅南侧端头存在框架结构空间，结构耐久性、空间改造的灵活性较差，且未配备电梯（图4~图6）。

2. 房间尺度与设备：原建筑大部分房间为办公室，标准开间进深为3300mm×6000mm，一个房间面宽一般为1或2个开间，虽然基本满足作为老人居室的尺度要求，但缺少上下水管线。同时门洞尺寸、插座点位均需进行调整。

3. 周边影响：建筑与最近的居民楼间距仅约20m，改造工程容易带来噪声、污染、美观、交通等影响。

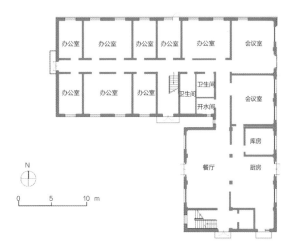

图4 原建筑二层平面图

图5 原建筑外观照片

图6 原建筑立面照片

## ▶ 改造内容清单

√ "减"：将部分墙体打通形成组团公共活动区、首层多功能活动区、门厅、餐厅等大空间；

√ "加"：对部分空间增设轻质隔墙划分，形成居室；每一居室增设整体卫浴、整体收纳系统；

√ 外围护：墙体采用装配式外挂板并喷涂内保温，屋面采用工业化屋面围护结构体系，建造屋顶花园；

√ 内装：建造一整套集成化内装体系，包括架空地板系统、架空墙面系统、双层吊顶系统，将新增的设备管线、新风换气机、干式地暖等内容集成化布置；

√ 无障碍：增设电梯，加大走廊净宽，采用适老化照明、防滑地面等。

## ▶ 特色1：拆除墙体，重组空间

改造后的建筑在首层设置了主要公共空间和日间照料组团，二、三层为护理养老组团，四层则为公共办公区。

首层的公共活动空间可供入住老年人和周边社区老年人用餐和开展公共活动，各个功能区采用开敞的空间形式，可分可合，便于根据活动需求灵活划分（图7~图9）。

二、三层的公共空间设置在L形建筑的拐角处，包含公共起居厅和护理站，满足老人的用餐与活动（图10、图11）。

图7　设施一层多功能活动区

图9　设施首层的活动空间

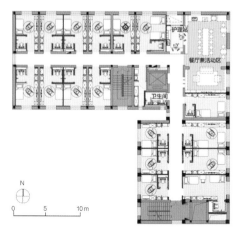

图11　设施二、三层平面图

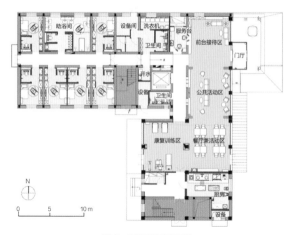

图8　设施首层平面图

图10　设施公共空间

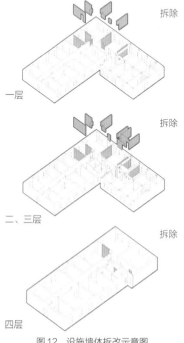

图12　设施墙体拆改示意图

　　为营造开敞通透的公共空间，改造中将原建筑的部分墙体进行了打通和拆除（图12）。

　　改造中还利用原建筑的两个交通核组织流线，中部的交通核紧邻护理站和公共起居厅，组织主要流线；南侧交通核与厨房等辅助空间结合，组织送餐和后勤流线，避免洁污动线交叉。

## ▶ 特色2：工业化预制装配，内装系统灵活可变

该项目采用了住区更新可持续发展建设的新方法——SI建筑体系[1]，实现了改造过程工业化、内装系统可变化，对既有建筑的支撑体、填充体进行分离。改造中，首先将原来的结构进行部分拆除调整优化，形成了具有较好适应性的支撑体；并在此基础上设置一整套集成化内装体系，包括架空地板系统、架空墙面系统、双层吊顶系统，将设备管线、新风换气机、干式地暖等内容设置在其中，与支撑体相分离（图13、图14）；同时应用大量装配式模块化部品，如整体收纳、整体卫浴（图15、图16）。

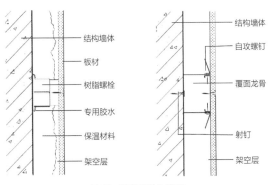

图13　架空墙体构造图　　　　　　　　　　　　　图15　整体卫浴构造图

图14　设施二、三层组团公共空间的做法细节

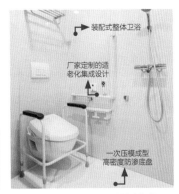

图16　居室内卫生间的做法细节

## ▶ 总结

该项目在原建筑的尺度结构基础上，合理植入了符合社区养老设施的功能空间，布局、流线合理实用。运用了工业化预制、干法装配等方法，缩短改造工期，减少对社区周边住户的影响。构建了内装可变的SI建筑体系，实现了标准化，为老旧的既有建筑的可持续更新探索了新的方法，具有示范意义。

（执笔：范子琪；编审：王春彧）

---

1 SI(Skeleton and Infill)体系，是指支撑体与填充体分离的建筑体系。支撑体即建筑中使用期限长、变动频率低的部分，一般指建筑结构；填充体即建筑中与使用者关联的、变动频率较高的部分，包括隔墙、家具等。

**图片来源**　图3、图4为作者自绘；图6来自参考文献[1]；图11来自参考文献[2]；其他图片均来自中国建筑标准设计研究院有限公司刘东卫工作室。

**参考文献**　[1] 刘东卫, 邵磊, 姜延达, 等. 北京首开寸草安慧里养老介护设施项目, 北京, 中国[J]. 世界建筑, 2019, 343(01):159-162.
　　　　　　[2] 刘东卫, 秦姗, 樊京伟, 等. 城市住区更新方式的复合型养老设施研究[J]. 建筑学报, 2017(10):23-30.

# 南丹·邻里汇
中国·上海

**导读：** 面对上海市老龄化加快、社区服务空间不足的现状，徐汇区于2016年开始推广全新的一站式社区服务设施——"邻里汇"。作为全龄共享的社区活动空间，南丹·邻里汇便是其中最具代表性的例子（图1～图3）。

图1　设施外观透视图

图2　老人在"社区客厅"活动

图3　设施区位图

## ▶ 建筑概况

| | | |
|---|---|---|
| 地　　址 | 上海市徐汇区宜山路南丹小区 | |
| 建成时间 | 2018年1月 | |
| 建筑规模 | A楼3层、B楼1层 | |
| 建筑面积 | 2100m² | |
| 设计单位 | 同济大学建筑与城市规划学院 | |
| | 姚栋副教授团队 | |

## ▶ 运营概况

| | |
|---|---|
| 长照床位 | 20床 |
| 日托床位 | 12床 |
| 护理员配比 | 1：4 |
| 运营单位 | 上海挚友养老服务 |

## ▶ 改造前情况

1. 社区居民概况：南丹小区是徐汇区中心城区的老旧小区，人口高度老龄化。小区总面积约3.93hm²，常住人口5871人中60岁以上有2012人（2019年）。作为老旧小区，建筑密度高、公共活动空间匮乏。但由于住宅套内空间紧张，居民常常倾向于在社区里的公共空间活动。

2. 场地与建筑：改造的对象位于社区中部，包括两栋建筑和中间的庭院，北侧3层建筑（A楼）设计之初意图作为幼儿园使用，但实际上被改用为社区文化中心。南侧1层建筑（B楼）闲置已久，此前曾作为社区办公室使用。院落的入口位于西侧，改造前有约一半面积被违建棋牌室占据。

3. 室内布局：室内空间品质有待提升。以A楼为例，室内交通面积大，采光不足（图6）。由于之前按照幼儿园功能需求设计，各个功能用房的布置也较为封闭，隔断较多。

4. 无障碍通行：A楼建筑入口处室内外存在较大的高差，且台阶和坡道不够合理，入口平台局促，进出不便。

5. 运营管理：整体管理方式较为封闭。西侧的围墙和铁门将设施与社区分隔，不利于设施充分融入社区，降低了使用率。

社区改造前情况见图4~图6。

图4 改造范围和改造前场地照片

图5 改造前居民在户外活动

图6 改造前室内交通面积大，采光不足

## ▶ 改造内容清单

√ 室外活动空间改造：庭院拆除违建，修整出更大的室外活动场地，并完善景观设计；

√ 建筑立面改造：局部改造为落地玻璃界面，结合建筑入口的灰空间进行设计；

√ 室内布局改造：如将走廊扩展为公共空间，并进行功能置换等；

√ 无障碍改造：如建筑出入口、室内活动用房、老人居室等空间的无障碍细节改造；

√ 建筑设备改造：庭院内设消防水箱和备用发电机，屋顶设空气能热水器，增加消防喷淋、卫浴等。

## ▶ 特色1：内外融合的室外开放空间

针对设施环境和建筑界面封闭的问题，改造中设计了设施内外、建筑内外融合的开放空间，促进居民的交流。

### 室外环境

拆除了原有的围墙和铁门（图7），将小广场面向道路开放，并辅以电动伸缩门便于管理，在开放时间，伸缩门可以隐藏，隐形轨道保证地面的无障碍通行。运营结束关上伸缩门，视觉上仍较为通透（图8）。

拆除了院内违建后，设施获得了600多m²的室外广场，两栋建筑面对广场，形成了内向的社区活动空间。

结合原有的三棵大树，广场设置了多种活动场地，包括南侧的儿童树池、社区农场；东侧的儿童塑胶跑道，旁设休息座位，提供了亲子共同活动和代际交流的空间。大树下、雨棚下设置了木质的休息座椅，形成了丰富的室外活动场所。

### 建筑界面

建筑界面上，室内外交融的"檐廊空间"是设计重点。

A楼加设了雨棚，覆盖整个南立面，同时一层南立面改为大面积落地玻璃，改善了社区客厅的采光，也增强了室内外的互动，带来更多趣味。

A楼入口原来的转角台阶空间局促，不够安全（图9），此次将其改为直跑楼梯，配合加大的雨棚，成为更有安全感的檐下空间（图10）。

B楼北入口外侧架设了大面积的玻璃雨棚和木质平台，成为户外客厅。结合长长的坡道，设置了绿化景观，为坡道带来了园林般的行走体验，不再单调。庭院到处都可以交谈、倚靠、休息（图11、图12）。

图7　庭院西侧改造前的铁门与围墙

图8　庭院西侧改造后围墙打开

图9　A楼入口改造前

图10　A楼入口改造后翻新坡道和台阶

图11　居民在院子里打羽毛球

图12　B楼北侧入口灰空间与绿植

▶ **特色2：室内布局复合、可变、开放**

南丹·邻里汇由长者照护之家（以下简称"长照"）、日间照料中心（以下简称"日托"）和其他全龄功能组成。A楼容纳了大部分功能，包括长照、日托和其他全龄活动空间；B楼主要为社区茶坊，配备电视机、桌椅等，供老年居民休闲娱乐使用（图13）。

A楼一层为门厅，也作为社区客厅；围绕门厅布置了微剧场、社区教室，以及一间健身房。

图14　A社区教室的不同使用场景

图15　可打开的镜面"魔术墙"及墙后功能

改造设计强调了空间的复合利用。以社区教室为例，一侧墙面特别设计了可打开的镜子"魔术墙"：关闭时，空间可以作为瑜伽教室等功能使用；打开时，背后隐藏的许多设备，包括水池、白板、投影仪、烤箱和油烟机，可便于空间作为授课教室、厨房等；墙后空间同时也作为储藏间使用，有时将其用于临时存包等用途（图14、图15）。

图16　A楼门厅空间改造前后对比

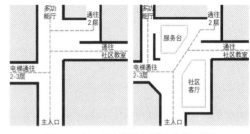
图17　A楼一层改造前后功能与流线示意图

图13　一层平面图

A楼室内拆除了部分墙体，打造出了更开放的格局。以一层为例，原本的走道被扩大成门厅，进门就是服务台、开放的社区客厅，落地窗为其引入了充分的自然光。开放的公共空间成为平面的核心，连接了功能用房，增强了空间的互动性（图16、图17）。

## ▶ 特色3：提供全龄服务，兼营日托长照

A楼二层布置了其他社区服务空间（图18）。室内同样拆除了部分墙体，形成了一个公共休息厅。北侧大空间作为社区书房，延续社区图书馆的功能；布置了亲子活动室和早教活动室，面向青少年和亲子家庭；南向的中医保健室则面向老年居民，提供康复指导和设施（图19~图21）。

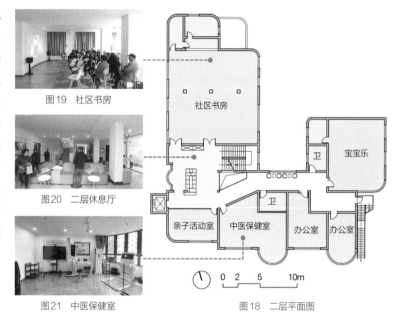

图19　社区书房

图20　二层休息厅

图21　中医保健室

图18　二层平面图

图23　三层接待区

图24　日间照料中心

图25　长者照护之家起居厅

图26　长者照护之家起居厅

图27　护理单元老人居室

图22　三层平面图

由于A楼原已有电梯，长照和日托这两种为老服务综合布置在A楼的3层（图22）。北侧区域作为日托使用，同时兼有助餐功能（图23、图24）；南侧与东侧区域容纳长期照护功能，空间相对独立，内有5个多人间共20个床位（图25~图27）。一家机构综合运营这两部分功能，节约人力和空间。

## ▶ 特色4：引导公众参与，解决社区抗性

南丹小区内部实际分为若干组团，居民的背景多样，思想和需求存在差异。例如当提出拆除围墙开放广场时，邮电居民强烈反对，以为破坏了庭院独立性。因此在实操过程中，团队付出了大量时间和精力，协调各方的利益，通过引导公众参与化解社区的改造抗性。

老龄化社区的需求复杂多样，为了充分了解居民需求，在改造过程中设计团队组织了多次大型公众参与活动。例如通过居民互动日，展示规划图、社区营造案例，开展模型工作坊、互动游戏，发放调查问卷等。受访人群覆盖了多种学历和年龄，以响应多样化需求（图28）。

图28　互动日活动现场

尽管如此，项目施工初期依然发生了邻避冲突。最初的改造方案中，设计了钢结构平台将广场抬高，使得A、B楼能实现平层入户，同时可以将消防水箱设置于广场地平面之下（图29）。这原本是一个非常巧妙的设计，但坊间谣言称消防水箱是"养老院太平间"，一些居民表示抗议，并推倒了施工现场的花坛，导致停工。出现这一情况后，街道和设计团队积极与居民沟通，介绍服务内容，并修改方案，取消了钢结构平台。改造渐渐得到了居民的理解和支持，得以顺利复工。

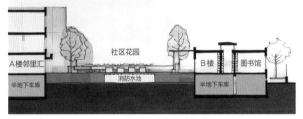

图29　初期方案剖面，用钢结构平台将广场抬高，同时放置消防水箱

## ▶ 总结

南丹·邻里汇从设计、建设到运营，经过了政府、居委会、设计团队、运营单位、社会组织和社区居民的多方协力，为包括老年人在内的社区居民创造了一个健康、活跃、代际和谐、可以原居安老的环境。这一改造实践证明了这类面向全龄的、空间多用的社区复合型养老设施，对上海市高密度老旧小区具有适用性。经过改造的室内外公共空间，已成为南丹居民在单位和家庭之外交往的"第三空间"。而改造中的全过程公众参与，也同时促进了居民间的交往，这些都有效支持了全龄宜居社区的建设。

（执笔：张泽菲；编审：王春彧）

---

**图片来源**　图12、图20～图23来自清华大学建筑学院周燕珉工作室；图24～图27来自程晓青副教授；其他均来自同济大学建筑与城市规划学院姚栋副教授团队。

**参考文献**　[1] 姚栋,郝明宇,石明雨.促进融合的社区复合养老设施：南丹邻里汇[J].建筑学报,2020(02):56-61.
　　　　　　[2] 郝明宇,姚栋.上海市社区邻里服务设施发展现状：基于徐汇区邻里汇调查[J].建筑实践,2018,1(12):64-69.
　　　　　　[3] 郝明宇.社区更新·展 | 上海邻里汇②：南丹邻里汇建造记[EB/OL].2020-05-13. https://www.thepaper.cn/newsDetail_forward_ 7276547.

# 万科城市花园智汇坊
中国·上海

**导读:** 不少城市社区的老龄化率随着建成年代的增加而不断增长,提供相应养老配套服务的需求也就日趋迫切。本项目是国内首个在既有社区内将其活动配套改造成社区综合型养老服务设施的案例(图1~图3)。

图1 设施主入口

图2 设施公共起居厅

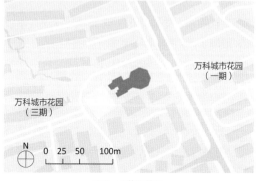

图3 设施区位图

▶ **建筑概况**

| | |
|---|---|
| **地　址** | 上海市闵行区中春路8888弄82号 |
| **建成时间** | 2014年10月 |
| **建筑规模** | 主体1层,局部2层 |
| **建筑面积** | 约1250m² |
| **设计单位** | 同济大学建筑与城市规划学院<br>司马蕾副教授团队 |

▶ **运营概况**

| | |
|---|---|
| **主要功能** | 接待咨询、膳食供应、日间休息、<br>文化娱乐、保健康复、个人照顾、<br>辅具租赁、入住护理等 |
| **床位数量** | 30床,其中单人间10个、双人间<br>6个、四人间2个 |

## 改造前情况

万科城市花园智汇坊社区养老服务中心位于上海市闵行区万科城市花园小区内。该小区建于1994年，最初没有设置配套的养老服务设施；后随着社区老年人口占比的增加，启动养老服务迫在眉睫。

设施所在建筑原为售楼中心，后变为社区活动中心（图4、图5）；2014年改造成社区嵌入式养老服务中心。改造前的主要问题如下：

1. 原建筑为社区活动中心，空间尺度与养老设施常用尺度存在一定差异，特别是八边形的平面在老年人照料设施中比较少见。

2. 设施整体进深较大，中部空间采光通风效果不佳。

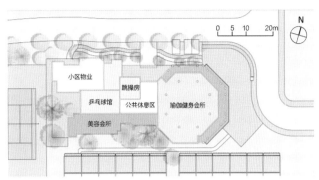

图4 改造前的建筑总平面图

图5 改造前的社区活动中心

## 主要改造内容

√ 居室组团：保留原有的八边形建筑平面，将居室围合布置，中央空间作为公共起居厅；

√ 日托中心：设置餐厅、阅读空间等日托功能；

√ 环境改造提升：活动区设置天窗以改善空间光环境。

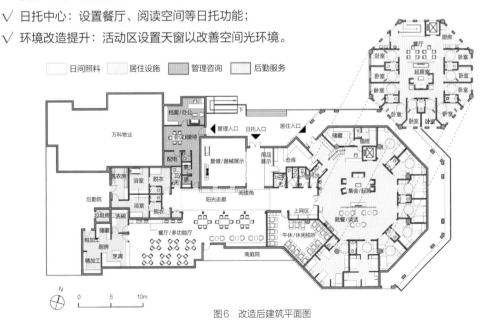

图6 改造后建筑平面图

## ▶ 特色1：功能分区，动线分流

作为综合型的社区养老服务中心，设施设置有居住、日托、上门护理等一系列功能。设施分为东区和西区：西区主要是日托中心，包括餐厅（兼作多功能厅）、午休区（兼作试听休闲）、阅读角、复健器械室、公共洗浴等空间，以及管理咨询区和后勤服务区，包括办公室、厨房、洗衣房、储藏室等空间；而东区主要是居室组团，一层为四人间和双人间，二层为单人间（图6）。

各个功能区分别设置对外出入口，实现了服务人员、日托老人和入托老人之间的流线区分，既便于管理，又避免了不必要的干扰；同时，各分区内部又相互联系，便于服务的开展和空间资源的共享。例如，白天日托和入住老人可共享活动空间，而夜间入住老人的居室组团又可实现独立管理（图7）。

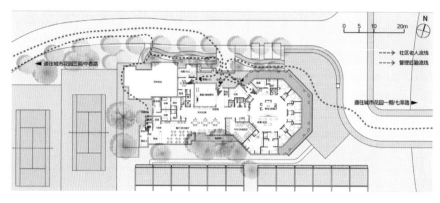

图7　设施实现了服务人员、日托老人和入托老人之间的流线区分

## ▶ 特色2：居室围合式布置，营造家庭氛围

设施东侧的居室组团结合原有的八边形平面，采用了居室围绕中央公共起居厅的向心布局，即老年人从居室出来后直接面向起居厅，而非面向走廊或其他居室（图8）。这种布局促进了老年人之间、老年人与护理人员间的交流，弱化了设施的"机构感"，让老年人产生"家"一般的归属感；同时也有利于护理人员集中照顾一个组团中的老年人，提高服务效率。

在公共起居厅，老年人既可看电视，又可练书法、绘画，还能玩麻将，活动类型丰富多样。此外，设施选用木质和清新的绿色，进一步强化了"居家感"（图9、图10）。

图8　设施居室组团采用围合式格局，营造家庭氛围

图9　起居厅内老人看电视　　图10　起居厅内老人玩麻将

## ▶ 特色3：居室空间集约高效

设施的单人间和双人间均采用两室共用卫生间的形式，提高了设施的得房率、空间利用率和护理服务的效率，减轻了运营压力；四人间则是在布局上尽可能地将床位放置成不同方向，并增设隔板，阻隔视线，保护老年人的隐私（图11）。

虽然带独立卫浴的单人间已经在一定程度上成为养老设施的发展趋势，但在2014年，智汇坊的居室设计较好地平衡了运营成本和照料环境品质间的关系，依然具有其创新价值。

图11 四人间设计注重避免视线干扰；
单人间和双人间采用两室共用卫生间的形式提高空间利用率

## ▶ 特色4：活动区天窗增加自然采光

为解决因空间进深较大而采光不佳的问题，设施在主要活动区设置了一条阳光长廊，长廊上部开了大面积的天窗，引入了自然光线，为老年人营造出更具舒适性和生机感的环境，有助于提高老年人的活动积极性，延长其活动时间，促进其身心健康（图12、图13）。

图12 阳光长廊

图13 设施日托活动区

## ▶ 总结

万科城市花园智汇坊社区养老服务中心是一个综合型的社区嵌入式养老服务机构，设计团队在改造过程中通过功能分区和流线的重新组织、充分利用原先的向心式平面布置居住区等手段，在较为有限的建筑面积中满足了多样的社区养老服务需求，并引入天窗改善空间采光，为老年人营造出人性化的照料环境，其设计经验值得学习借鉴。

（执笔：梁效绯；编审：王春彧）

**图片来源** 图4~图7、图11由同济大学建筑与城市规划学院司马蕾副教授提供，图3由作者改绘自百度地图，其余图片均来自清华大学建筑学院周燕珉工作室。

# 江川路社区悦享食堂
## 中国·上海

> **导读：** 本项目原址是一处废弃的煤气站，设计中将食堂、图书室、活动室等多种功能并置在一个大空间内，满足了社区老人的餐饮活动需求，同时通过多样灵活的立面设计手法回应了复杂的场地条件，使建筑融入了周边环境（图1~图3）。

图1 悦享食堂室内大空间

图2 悦享食堂外观

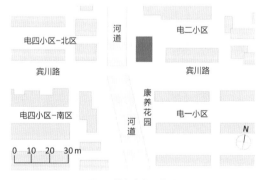

图3 悦享食堂区位图

## ▶ 建筑概况

| | |
|---|---|
| **地 址** 上海市闵行区江川路街道宾川路502号 | **用地面积** 301m² |
| **建成时间** 2020年7月 | **业 主** 上海液化石油气经营有限公司 |
| **建筑规模** 地上1层 | **设计团队** 上海交通大学奥默默工作室、 |
| **建筑面积** 232m² | 上海华都建筑规划设计有限公司 |

## 改造前情况

改造前原建筑是一处废弃的煤气站，面向河道，与居住区相邻，位于道路和河道的交叉点，来往人流频繁，具有较大的公共服务潜力。但是在调研中发现，改造受到限制较多。首先场地设计范围受限，与河道、居住区相邻的两侧都无法拓展；建筑结构也由于年久失修存在安全隐患。仅有的机遇是二层平台视野良好，能眺望河道的风景。所以设计的重点在于如何平衡公共与私密，并通过结构加固、功能置换、场景营造等激活这片荒废已久的空间（图4、图5）。

图4　场地原状的优势和劣势　　　　　图5　原建筑为废弃的煤气站，面向河道，与居住区相邻

## 社区需求调研

为了使设计更契合当地居民的实际需求，改造前期进行了深入细致的调研，与当地居民及居委会等进行了充分的沟通（图6）。交流后发现周边社区老年人最强烈的需求就是"有一个食堂"，由此确定了项目的功能定位。在此基础上，设计团队进行了功能的复合和拓展，使该建筑不局限于满足老年人的餐饮需求，还能开展各类公共活动，"不仅能抚慰老年人的胃，更能抚慰老年人的心"。

图6　设计团队调研社区需求

## 改造内容清单

基于原来的建筑条件和改造后建筑的功能定位，主要进行了以下几方面的改造：

√ 功能调整：将建筑从一处闲置厂房转换为复合了餐饮、活动、阅读等功能的综合社区服务设施；

√ 结构加固：采用钢材加固原有结构，避免安全隐患；

√ 立面更新：采用灵活的建构手法营造不同风格的立面，以应对建筑四周复杂的场地条件。

## ▶ 特色1：多功能复合并置的大空间

该项目周边人员构成及其需求具有多样性，所以设施功能最好能兼顾各方诉求，虽然社区食堂是周边老人最需要的场所，但也要考虑非用餐时段该空间的利用方式。设计中的一个关键点就是如何实现功能复合，让小空间发挥大作用。

本项目改造中通过改变家具布置来实现功能置换——非用餐时段，内部餐饮桌椅撤走，餐饮空间就变成了容纳唱戏、演讲等娱乐活动的空间。此外，墙面上还布置着书架，老人也可在此处阅读（图7、图8）。

屋顶平台经过改造也成了一处开敞的活动空间，老人可在此处跳舞、合唱等（图9~图13）。

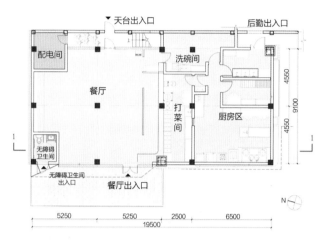

图7 一层平面图

图8 1-1剖面图

图9 撤掉桌椅后，室内、屋顶、周边的活动空间示意图

图10 建筑内部取餐窗口、用餐空间

图11 用餐时段的大空间

图12 通往屋顶平台的楼梯　　　　　　　　　图13 屋顶活动平台

## ▶ 特色2：立面改造针对周边环境

原场地周边环境复杂：北侧与居住区的围墙相邻，环境比较消极；东侧面向居住区开放，相对私密安静；南侧正对着路桥，来往人流频繁；西侧面向河道，景观价值较高，但会有西晒的问题。各个立面面对的环境差异性较大，机遇与挑战并存，因此设计中四个立面也采取了不同的设计策略来呼应场地：

北立面正对居民楼栋，采取了整面的砖墙实墙处理，避免视线干扰（图14）；

东立面与居住区内部关系最密切，需要保证到达流线便捷清晰，故在餐饮空间和东立面中间插入了走廊，同时在较高处设计了"鱼鳞网"状的采光界面，使视线通透，采光良好（图15）；

南立面朝向主路，相对开放，所以插入了休息连廊，同时通过楼梯侧墙的砖砌开洞与灯光布置，吸引路桥上的人流进入（图16）；

西立面景观价值较高，餐厅的主要出入口在此，设计手法相对复杂。入口处的落地玻璃展示了内部的餐饮空间，厨房一侧外立面下部外包穿孔耐候钢，洞口数量随着高度的降低而减少，在保证采光通风的同时，又避免了视线干扰（图17）。

图14　北立面：砖墙实墙处理

图15　东立面：视线通透的设计

图16　南立面：插入休息连廊

图17　西立面：兼顾保证采光通风与避免视线干扰

## ▶ 总结

　　该项目在设计前期充分了解社区居民、居委会等使用者的意见，确定了以餐饮为主，多种功能复合的定位，并辅之以灵活大空间、拓展屋顶平台的设计策略，较好地平衡了各方诉求。

　　设计中通过砖墙的灵活砌法、钢材与砖墙相对比的建构语言等（图18、图19），创造了较高的空间品质，同时回应了复杂的场地条件，和谐地融入了周边社区环境（图20）。

图18　室外钢材扶手　　　　　　图19　通往屋顶平台的楼梯

图20　项目通过功能契合需求、立面回应环境等方法融入社区

（执笔：武昊文、王春彧；编审：王春彧）

**图片来源**　均来自上海交通大学奥默默工作室、上海华都建筑规划设计有限公司。

**参考文献**　[1]张海翱，徐航，等．上海"废弃煤气站"如何变身"社区食堂"[EB/OL]．[2021-07-12]．https://www.sohu.com/a/423127391_200550

> **导读：** 本项目的改造正值疫情期间，设计团队对防疫要求下的养老设施运营予以充分的考虑，预留了隔离、缓冲等空间，便于实现"平疫结合"的管理。同时，对既有建筑进行了细节层面的适老化改造（图1~图3）。

图1 设施外观

图2 设施内部

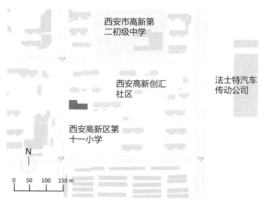

图3 设施区位图

## ▶ 建筑概况

| | | |
|---|---|---|
| **地　　址** | 陕西省西安市高新区创汇社区–D区 |
| **建成时间** | 2021年3月 |
| **建筑规模** | 3层＋屋顶层 |
| **建筑面积** | 4200m² |
| **设计单位** | 西安建筑科技大学建筑学院 |
| | 张倩教授团队 |

## ▶ 运营概况

| | |
|---|---|
| **居室总数** | 74间 |
| **床位总数** | 148床 |
| **服务对象** | 半自理、中重度失能、失智老人 |
| **运营单位** | 西安三春晖养老服务有限公司 |

## ▶ 改造前情况

原建筑是社区内待改造为养老设施的配建，整体结构、房间布局基本符合要求（图4），但仍存在以下问题：

1. 部分视线关系不恰当，内装、家具的机构感较强。例如主入口正对电梯厅，造成大厅界面破碎，空间完整感较弱（图5）。

2. 内走廊光线不足，环境昏暗；地面材质为瓷砖，不利于防滑。

3. 居室作为双人间使用时，进深不足；外阳台减弱了室内采光。

4. 半室外门厅不适应于当地冬季气候；餐厅只有一个室外的独立出入口，老人如需就餐，必须在室内外冷热环境中来回转换。

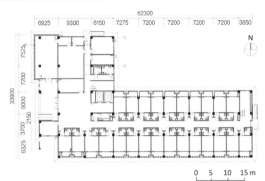

图4 原建筑首层平面图

图5 原建筑首层大厅

## ▶ 改造内容清单

√ 建筑出入口及门厅：通过封闭半室外门厅，增加室内面积；大厅功能分区、加影壁调节视线；

√ 餐厅：增加适老扶手，同时置入适老化盥洗池及餐桌椅；

√ 走廊：瓷砖改地胶，在顶层走廊吊顶处采用透光膜材质，结合室内灯光的布置增加其亮度；

√ 居室：把室外阳台改为室内；

√ 根据适老化需求重置内装和家具。

改造后首层平面图如图6所示。

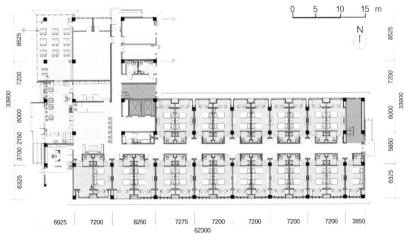

图6 改造后首层平面图

改造将原为室外灰空间的入口平台用玻璃门窗封闭处理，原有台阶坡道移至室外雨棚下。一方面，坡道尽头的缓冲距离得以保证；另一方面，改造形成的室内前厅，连接起餐厅和门厅，让平时老人活动穿行更加方便（图7）。

同时，改造正值疫情期间，在前厅一端预留了缓冲通道，在疫情下可以作为测温、杀菌消毒等活动的场所，有效做到平疫结合（图8、图9）。

改造中还通过在电梯厅前设置影壁电视墙的方法，在大厅中创造出视觉集中、空间完整的核心空间，并布置了长住老人服务总台及供老人、工作人员休息交流的沙发区（图10、图11）。

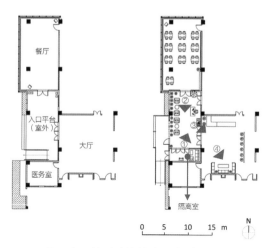

图7 入口空间改造前（左）、后（右）平面图

图8 前厅-视角①

图9 前厅-视角②

图10 大厅-视角③

图11 大厅-视角④

## ▶ 特色2：阳台局部微改，提升居室品质

改造中将室外阳台封闭为室内阳台，拆除了阳台玻璃门。一方面，室内原本不足的进深得以拓展，适合作为双人间使用；另一方面，拆除玻璃门后室内采光增强。改造时，还在室内阳台结合原有墙垛布置了储藏柜，有效增加了储物空间（图12）。

改造通过微调阳台一处空间，带动了整个居室空间质量的提升。

图12　老人居室内部（一）

## ▶ 特色3：细节处理，氛围营造

改造使用了大量成熟的适老化部品，在细节层面保证设施的适老化水平。例如，餐厅中的餐桌，桌面下有较高的留空，方便轮椅插入；居室内的扶手椅，靠背顶端带有扣手，方便搬动（图13、图14）。

改造设计还善用木制、布艺、格栅元素，装点明快的色彩，在室内穿插布置植物，营造让老人愉快放松的空间氛围。

图13　老人居室内部（二）

图14　食堂内部

## ▶ 总结

疫情期间，本项目在工期、成本等方面面临诸多不利因素的制约，但改造中不但克服了不利条件，对内部空间也进行了较为深入的设计，探索了养老设施的防疫适应性策略，这些经验非常值得未来类似改造工作中加以学习借鉴。

（执笔：范子琪；编审：王春彧）

**图片来源**　均来自西安建筑科技大学建筑学院张倩教授团队，或在其基础上的改绘。

# 橡树汇长者专顾中心
中国·成都

> **导读：** 项目原址是社区底商，功能布局与养老设施相去较远，这为改造带来了困难。设计团队巧妙地将建筑划分为可独立运营管理的两部分，具有面积小、复合性强、空间灵活可变的特点（图1~图3）。

图1　设施主入口

图2　多功能室

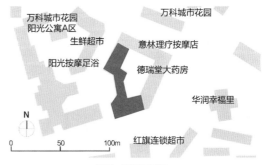

图3　项目区位图

## ▶ 建筑概况

| | |
|---|---|
| 地　　址 | 四川省成都市锦江区静安路1号 |
| 建成时间 | 2014年1月 |
| 建筑规模 | 1层，430m² |
| 设计单位 | 日本株式会社 ART-Japan 长屋设计、西南交通大学吴茵副教授团队 |

## ▶ 运营概况

| | |
|---|---|
| 居室总数 | 3间 |
| 床位总数 | 10床 |
| 运营单位 | 成都万科养老服务有限公司 |
| 运营团队 | 橡树汇长者专顾中心团队 |

## ▶ 改造前情况

　　橡树汇长者专顾中心位于成都万科城市花园社区公寓楼的底层商铺部分，内部原为茶馆、餐馆、教育培训等社区商业、公共服务功能区。建筑为框架结构，内墙多为非承重墙，为后期改造创造了条件（图4）。

　　在策划过程中对社区老年人进行了走访调研，发现该社区老年人对访问和日托的需求较大，而对短住的需求几乎为零，因此将此设施的功能定位为以"访问＋日托"为主。在此定位的基础上进行了方案设计（图5）。

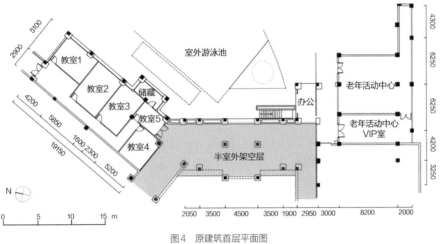

图4　原建筑首层平面图

## ▶ 改造内容清单

√ 根据场地条件，针对养老设施需求，将建筑功能布局重组，实现动静分区、独立运营管理；

√ 进行无障碍改造，包括增设坡道、消除室内高差、安装扶手、设置紧急呼叫按钮、采用适老化标识系统、采用防滑地面等；

√ 加装智能化服务系统与设备，包括全程监控系统、红外线检测和自动报警系统等。

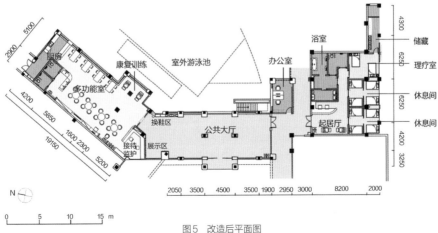

图5　改造后平面图

## ▶ 特色1：假借原有建筑布局限制，合理实现动静分区

受原有空间结构的约束，建筑中间入口大堂部分为公共空间，将设施分为南北两侧静区、动区。

流线上，静区与动区内部流线较为清晰。受限于原建筑平面形式，办公、老人与社区共用出入口，三方流线交叉，可能带来不便（图6）。

北侧为动区，多功能室朝向内院游泳池，具有较好的采光和通风效果。充满活力的游泳池景观给老人带来乐趣。入口部分设置了换鞋和展示区，方便接待来访客人。接待监护室位于入口部分，融合了办公、监护、接待几种功能，大玻璃窗直接通向室外便于看到来访老人，便于及时外出访问。厨房位于北侧另一端，与监护室一起，能够使工作人员对中心老人活动区域形成完全监护。厨房空间单独设置了出入口，避免了与老人流线的交叉（图7）。

南侧为静区，设置浴室、休息室和理疗室等较为安静的功能区，主要满足老人午休和康复理疗的需求。监护站位于入口处，视线上能够直接照顾到休息室和起居部分，也可以对来访人员进行接待，方便左右两侧单独管理与服务。由于洗浴间和康复理疗室需要工作人员的帮助，将其设置在末端，有利于干湿分区，避免对起居空间造成干扰（图8）。

设计团队将设施动静分区，有利于老人的活动与休息不相干扰，同时方便独立运营管理。

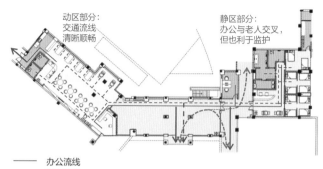

—————— 办公流线
------------ 老人流线
·············· 社区流线

图6 改造后的流线分析

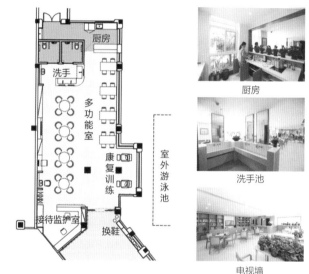

图7 设施西侧动区平面图及照片

图8 设施东侧静区平面图及照片

## ▶ 特色2：活动空间功能灵活可变

　　作为北侧动区的主要功能空间，多功能室需要满足足够的老人进行娱乐与休息的需求，因此采用了开敞式的大空间，能够根据活动性质灵活布置家具，满足不同功能需求的变化。另外，考虑到不同老人的性格，在进行集体活动时还需保证有个体活动空间的设计（图9）。

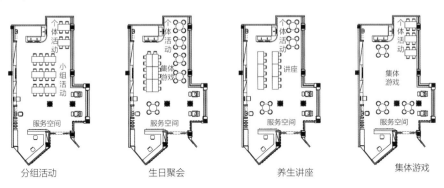

| 分组活动 | 生日聚会 | 养生讲座 | 集体游戏 |

图9　多功能室灵活的平面布局

## ▶ 特色3：适老设计细节周到

　　本设施在适老和无障碍设计方面做了详细的设计，包括对入口处高差的处理，洗手间推拉门、内部扶手和紧急呼叫按钮的设置，洗浴间进行地板防滑处理和干湿分区，公共区域的扶手系统和墙体转角处抹圆角，以及标识系统的适老化等（图10~图15）。

图12　入口处无障碍坡道　　　图13　墙面扶手及防滑地胶

图10　折叠门　　　图11　圆角扶手　　　图14　助浴浴缸　　　图15　洗手盆下空

## ▶ 总结

　　本项目由社区底商改造而来，策划定位精准，主要为自理和半自理老人提供日间照料和短期居住服务。改造方案重点关注如何在小面积空间中合理布置复合功能，以及空间的灵活利用，合理进行动静分区以应对场地制约，是一个融合了日本"小规模多功能"理念的社区日间照料中心。

（执笔：张昕艺；编审：王春彧）

**图片来源**　图3~图5根据资料改绘；其他来自西南交通大学吴茵副教授团队、万科橡树汇。

**参考文献**　[1] 韩延栋.小规模复合型社区养老模式探究[D].成都：西南交通大学,2014:116-123.

# 朗诗常青藤改造型设施四例

中国·北京、南京、苏州

> **导读：** 城市中常有一些闲置空间资源，或位于社区，或位于工业区，甚至位于景区，区位和建筑功能类型多样。本篇内容的四个项目就充分利用了这些存量空间，将其改造为专业的老年人照料设施（图1~图4）。

## ▶ 项目概况

图1 项目一（北京上清桥站）内庭院

| | |
|---|---|
| **项 目 一** | **北京上清桥站** |
| **地 址** | 北京市海淀区龙岗路12号 |
| **建成时间** | 2019年10月 |
| **建筑规模** | 5层 |
| **建筑面积** | 约4700m² |
| **设计团队** | 五感纳得建筑设计有限公司 |
| **床位数量** | 96床 |
| **服务内容** | 长期照料、短期托管、居家上门、健康管理、休闲娱乐与精神慰藉 |

图2 项目二（南京五马渡站）透视图

| | |
|---|---|
| **项 目 二** | **南京五马渡站** |
| **地 址** | 南京市鼓楼区永济大道18号 |
| **建成时间** | 2018年10月 |
| **建筑规模** | 2层 |
| **建筑面积** | 约6588m² |
| **设计团队** | 五感纳得建筑设计有限公司 |
| **床位数量** | 166床 |
| **服务内容** | 长期照料（健康/失能/认知症老人）、健康管理、休闲娱乐与精神慰藉 |

图3 项目三（南京睿城站）设施外观

| | |
|---|---|
| **项 目 三** | **南京睿城站** |
| **地 址** | 南京市鼓楼区润江路2号 |
| **建成时间** | 2017年11月 |
| **建筑规模** | 4层 |
| **建筑面积** | 约2247m² |
| **设计团队** | 五感纳得建筑设计有限公司 |
| **床位数量** | 约87床 |
| **服务内容** | 长期照料、康复理疗、休闲娱乐与精神慰藉 |

**项 目 四　苏州宏业路站**
**地　　址**　苏州市工业园区宏业路178号
**建成时间**　2019年6月
**建筑规模**　3层
**建筑面积**　约7396m²
**设计团队**　上海朗诗规划建筑设计有限公司
**床位数量**　约204床
**服务内容**　长期照料（健康/失能/认知症老人）、健康管理、休闲娱乐与精神慰藉

图4　项目四（苏州宏业路站）设施外观

▶ **改造前情况**

朗诗常青藤成立于2013年，现主营专业照护机构、日间照料中心和居家上门"藤叶护"等三类业务。值得注意的是，朗诗常青藤的专业照护机构中有不少是由旧建筑改造而来，改造前的问题主要有以下几类：

1. 部分项目原有建筑流线较长，不满足防火规范或运营需求（图5）。
2. 部分项目原有建筑进深较大，采光通风条件不佳（图6）。
3. 原有建筑内装不适老，如室内存在高差等。

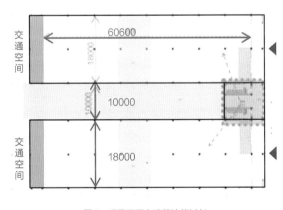

图5　项目四原有建筑流线过长

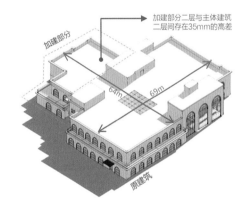

图6　项目二原有建筑独立单一、进深大，不利于空间采光

▶ **改造内容清单**

√ 建筑体块间增设连廊或内部增设楼、电梯；
√ 引入采光井改善采光通风；
√ 进行系统的室内适老化设计：采用智能生活系统（如电子智能门禁、紧急呼叫系统、离床报警、手持呼叫器、新风系统、紫外线消毒器、冲浴器等）、适老化家具，进行房间内圆角防碰撞处理及交通空间的无障碍设计。

朗诗常青藤在进行适老化改造时，对既有建筑的选择具有较大的灵活性，除了常见的将社区配套改为养老设施以外，还会对景区、工业区的闲置建筑进行适老化改造。例如：

北京上清桥站（项目一）位于北京北五环清缘里社区内，原为商业建筑，但因完全处于社区内部，需求不足，长时间闲置，后成为群租房集中点。改造中充分利用其位于成熟社区内部，周边交通、医疗、公园、商业等配套设施丰富的特点，将其变为综合型的社区养老服务设施（图7、图8）。

南京五马渡站（项目二）位于南京长江幕燕风光带五马渡广场内，周边景观资源丰富。建筑原为餐饮和酒店。设计团队利用其景观优势，将其改造为融合了单元式护理、商业休闲、景观园林的养老设施（图9、图10）。

南京睿城站（项目三）位于南京河西万达广场中心区域，原为社区服务用房。设施为老年人提供了共享厨房、书吧、才艺展区、亲子乐园、棋牌、影音等多样的活动空间，丰富了老年人的日常生活，并根据他们的兴趣爱好安排室内外活动，营造社区氛围，鼓励入住老人保持与社会的接触（图11、图12）。

苏州宏业站（项目四）位于苏州城南早期工业园区内，原属于配套商业；后因城市更新，产业"退二进三"，周边生活的人口减少，商业需求下降。设计中将其改造为养老设施，充分利用原有建筑间区域，打造出了具有苏州园林特色的中庭景观（图13、图14）。

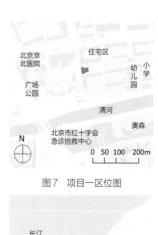

图7 项目一区位图

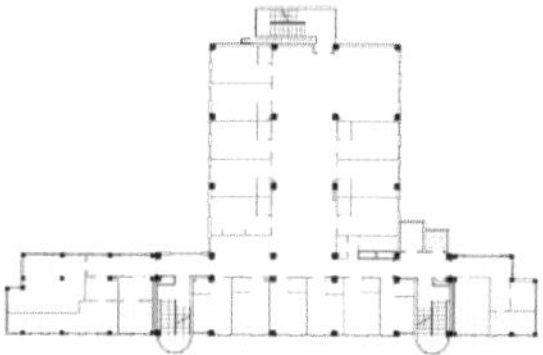

图8 项目一改造后平面示意图

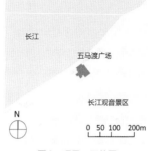

图9 项目二区位图

图10 项目二改造后平面示意图

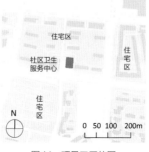

图11 项目三区位图

图12 项目三改造后平面示意图

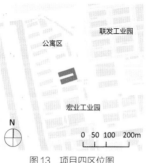

图13 项目四区位图

图14 项目四改造后平面示意图

## ▶ 特色2：重塑功能分区，优化交通采光

既有建筑功能多样，改造需面对的空间问题也不尽相同。有的既有建筑由多个建筑单体组合而成，流线较为冗长，不满足养老设施的防火规范或不能实现护理服务的高效率要求；有的既有建筑是单个大体量、大进深的建筑，空间内部动线容易交叉。因此，在改造时需要重新组织空间的功能分区。例如：

苏州宏业站（项目四）原建筑包含三个体块：两个形态和体积相同的矩形体块，以及连接二者端部的一个小体块。

改造时，在两个矩形体量中部增设了户外连廊，并在二、三层的南向和北向老人生活区之间设置了组团间共享室内活动区。这样一来，原来的单向流线被改造成拥有更高可达性和服务效率的回字形流线，营造出更加友好、人性化的空间环境（图15）。

南京五马渡站（项目二）原有建筑类似"豆腐块"，建筑体量单一，空间无分隔，进深达64m×69m，内部空间采光效果不佳。

改造时，将建筑切成了三个体块，分别形成了商业区和自理老人区、认知症老人区、失能老人区等功能分区；不同分区间用采光连廊连接，既创造了灵动的流线，又改善了空间的采光效果，营造出更加舒适、自然的生活环境（图16、图17）。

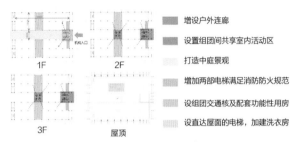

图15 项目四改造策略

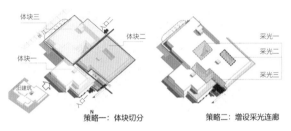

图16 项目二改造策略

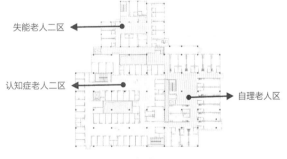

图17 项目二标准层平面图

## ▶ 总结

朗诗常青藤既有建筑改造型设施涉及社区服务用房、景区酒店、工业区厂房、商业用房等诸多种类建筑的改造，充分利用了城市中闲置的空间资源；通过功能分区的重新打造、交通流线组织的改善和光环境的优化等方式，为老年人营造出适宜的生活环境。

（执笔：梁效绯；编审：王春彧）

---

**图片来源** 图4、图14来自朗诗常青藤官方网站；图7、图9、图11、图13由作者根据百度地图自绘；其余图片来自五感纳得、朗诗常青藤。

CHAPTER04

# 第4章
# 社区室外环境与城市公共环境
# 的适老化改造案例

本章案例重点关注广场、公园、道路等空间的适老化改造，这些案例主要解决老年人在社区和城市尺度的活动与出行问题。

其中，国外案例注重采用一些切实可行的设计手法保证老年人日常出行与社交的安全便利，并且将适老化改造纳入更宏观的全龄友好社区营建体系，值得国内借鉴。

国内案例强调在提升社区和城市原有风貌的同时，努力为老年人创造安全、丰富的活动场地；公众参与、社区营造等近年来新兴的规划设计实践，在这些案例中得到了落实。

# 国外案例

# 社区更新计划及五年规划

新加坡

> **导读：** 由各区市镇理事会（Town Council，TC）管理实施的社区更新计划（Neighborhood Renewal Programme，NRP）和五年规划（Town Council's 5 year plan），旨在通过改善社区公共空间，营造更舒适人性化的居住环境（图1）。

## ▶ 项目信息

　　**市镇理事会**　新加坡城市管理的主体，主要负责公共环境的日常清洁、园林保养、建筑维修、社区更新等

　　**社区更新计划**　2007年8月在新加坡住房和发展委员会论坛上被提出，以响应居民改善社区环境的要求，由政府全额资助实施

　　**五年规划**　由各区市镇理事会提出，通过对各片区内的各社区进行有目的、有计划的更新改造，为居民创造干净、绿色、健康的环境

图1　社区更新计划

## ▶ 特色1：基于居民需求，灵活确定改造内容

　　社区更新计划要求通过对一系列居住区的调研，了解居民的使用需求，制定详细的改造清单，保证不同社区可根据清单灵活确定具体改造项目（图2）。表1列举了一些常见的街区级改造和地区级改造内容。

　　改造策划阶段，社区居民也可以主动提出需求。相关部门会通过市政会议、对话访谈、集体会议、小型展览和调查等途径，就拟定的社区更新策略进行意见征询，鼓励居民参与制定改造计划。设计建设方会通过评估，将切实可行的居民提案纳入改造方案。在改造实施前，相关部门还会举办民意投票，仅当大于等于75%的社区居民表示支持时，社区更新才会实施开展。

**社区更新计划改造清单示例**　表1

| 改造类型 | 改造内容 |
|---|---|
| 街区级改造<br>（block-level<br>improvements） | 增设信箱 |
| | 建设"居民活动角" |
| | 在建筑首层灰空间增添休息座椅 |
| | 更换建筑首层电梯大厅铺地材料 |
| 地区级改造<br>（precinct-level<br>improvements） | 增建门廊 |
| | 增设连廊屋顶 |
| | 建设游乐场 |
| | 建设步行道/慢跑道 |
| | 建设"健身角" |
| | 建设街头足球场 |
| | 建设凉亭/休息角 |
| | 丰富绿植，美化环境 |
| 其他 | 丰富配套设施、优化公共花园、提升公共区域无障碍设计水平 |

图2　某社区在更新时新增了儿童游乐场

## ▶ 特色2：分区制定"五年规划"，实现逐步更新

新加坡各区的市镇理事会为提高环境更新的准确性，保障改造后的社区环境更契合使用需求，分别制定了"五年规划"来实现逐步更新。以裕廊－金文泰地区（Jurong-Clementi）为例，规划将整个地区划分为七个片区实施分区更新，改造计划细化落实到不同片区的不同社区，居民可以登录相关网站查询到自己所在社区即将进行的改造项目。

例如，其中的裕泉区（Jurong Spring）在过去五年（2016—2020年）已经完成了部分改造项目，包括改造优化"居民活动角"、为建筑入口加装雨棚、建设代际互动花园、在既有楼梯旁加设坡道等。该区拟定的2021—2025年"五年规划"，还将继续推进社区"健身角"的升级改造、为已有坡道加装顶篷、建设社区公共花园等（图3~图5）。

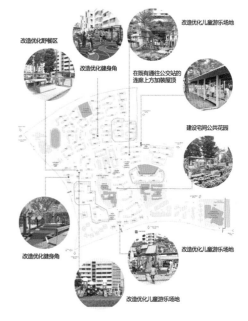

图3　裕泉区未来五年（2021—2025年）的
社区更新计划内容示例

图4　在社区到公交站之间加设带顶的连廊

图5　在社区楼前加装坡道

## ▶ 总结

新加坡社区更新计划和市镇五年规划从居民的实际需求出发，策划及施行过程公开透明，不仅做到了适老化，同时考虑到各年龄层居民的需求，提升了社区环境的整体品质。

（执笔：张昕艺、陈瑜；编审：陈瑜）

**图片来源**　图1、图2来自新加坡住房和发展委员会；图3来自参考资料[4]；图4、图5来自参考资料[3]；表1翻译自参考资料[1]。

**参考资料**　[1] Neighbourhood Renewal Programme(NRP)[EB/OL]. https://www.hdb.gov.sg/cs/infoweb/residential/living-in-an-hdb-flat/sers-and-upgrading-programmes/upgradingprogrammes/types/neighbourhood-renewal-programme-nrp
　　　　　　[2] Estate Of Jurong-Clementi Town Council[EB/OL]. https://masterplan.jrtc.org.sg/
　　　　　　[3] Bukit Batok 5-year masterplan :2021-2025. [EB/OL]. https://www.jrtc.org.sg/masterplan/bukit-batok/
　　　　　　[4] Jurong Spring 5-year masterplan:2021-2025[EB/OL]. https://www.jrtc.org.sg/masterplan/jurong-spring/
　　　　　　[5] Five-year masterplan: bringing more amenities to Bukit Batok[EB/OL]. https://ourneighbourhood.jrtc.org.sg/2020/06/five-year-masterplan-bringing-more-amenities-to-bukit-batok/

# 乐龄安全区改造项目
新加坡

**导读：** 新加坡陆路交通管理局于2014年启动乐龄安全区（Silver Zone）改造项目，对老龄化率较高的高层高密度居住区的室外交通环境进行更新改造，通过更新设计机动车行系统、老年人步行系统、道路设施体系，为老年人营造安全的出行环境（图1）。

图1　乐龄安全区改造项目

## ▶ 项目信息

| | | | |
|---|---|---|---|
| **项目背景** | 高层高密度居住区内与老年人相关的交通事故频发，为保证老年人出行安全，启动乐龄安全区改造项目 | **建设时间** | 2014年3月启动，持续至今 |
| | | **建设情况** | 分批次开展，2021年即将完成35个，计划到2023年完成50个社区改造 |
| **改造对象** | "三高型"居住区——老龄化比例高、交通事故发生率高、高层高密度 | **设计建设单位** | 新加坡陆路交通管理局（Land Transport Authority，LTA） |

## ▶ 改造项目试点

为了探索项目开展方式，以便更好地在全国范围内推行改造计划，建设单位系统化地识别和分析了交通事故的各类数据，在全市发现了5个事故高发社区，将其作为改造试点。

其中，武吉美拉（Bukit Merah）社区建设年代较早，道路交通系统为树状的人车共行体系，交通事故发生率高，其作为试点项目之一，于2014年启动改造（图2）。

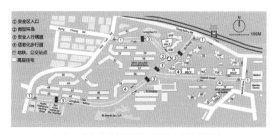

图2　武吉美拉社区总平面及改造设计要点

## ▶ 特色1：丰富用地功能，避免老年人长距离出行

调研发现，若居住区地块功能单一，老年人在同一地块无法满足日常生活所需，则需外出较远处，交通事故发生率上升。乐龄安全区改造项目的第一个策略，即将居住区单一的居住属性用地调整为多功能用地，新增商业、餐饮等社区生活服务设施（图3），既从源头上尽可能避免老年人跨越机动车道路的长距离出行，又为居民的日常生活提供了便利。

图3　居住区内增设餐饮大排档，丰富社区功能

## ▶ 特色2：完善步行体系，提供舒适散步道

安全区改造项目的第二个策略是规划完善步行系统，为老年人提供安全舒适的步行环境，具体调整方式包括以下几点。

√ 补缺、增长、补宽步行道路，尽可能实现人车分流；

√ 保证步行道与公园、城市绿地接驳，完善"散步-休闲"室外活动空间体系；

√ 在路口、人行横道等节点设置显著标识，并完善夜间照明系统，保证步行道的安全（图4）；

√ 增建公交站点和公交换乘设施，并与步行道接驳，方便老年人乘坐公交；

√ 系统改建、管理自行车道及自行车停放区域，避免其干扰行人，确保步行道的连续性与完整性。

图4　在路口、人行横道及机动车道上设置醒目标识，保障交通安全

## ▶ 特色3：限制机动车车速，保证道路安全

机动车驾驶速度过快是导致交通事故的重要原因之一，想要保证老年人在过马路时的安全，需在道路规划设计时，对车行道的平面、剖面及附属设施等方面进行针对性设计，以限制机动车的行驶速度。具体改造设计方法包括以下几点。

**弯道眼：** 在较长的直行机动车道路上设置"弯道眼"，在不改变车行道宽度的前提下，将某段道路改为弧形线路，从而促使驾驶员降低行驶速度（图5）。

**蛇形线：** 在车速较快的路段进行"蛇形线"改造，其原理与"弯道眼"相同，均是通过改变道路形状，迫使车辆转弯从而降低车速（图6）。

**安全岛：** 在较宽的道路中心设置"安全岛"，保证行动能力较弱的老年人可以分两次横越马路，增加其途中休息、观察应对的时间（图7）。

**绿化带：** 在较宽的道路中间设置绿化带，从而减少车道数量，降低通行车辆的数量和速度。

**微环岛：** 将十字交叉路口改建为环形交叉口，降低机动车行驶速度，同时减少交通冲突点，保证人行、车行安全（图8）。

**减速带：** 在社区餐饮及商业服务设施周边的机动车道路上增设减速带，实现重点地段限速。

**提示符：** 在机动车道上安装字体较大的提示符，例如强调入口的黄色排线、提示限速的数字标识、提示路缘石防撞的斑马线等（图9）。

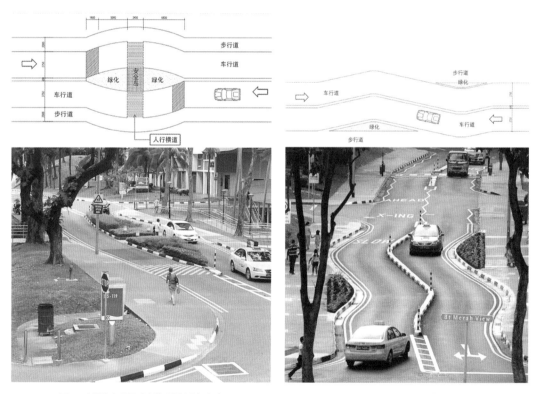

图5　在道路上设置"弯道眼"以降低车速　　　　　　图6　将道路改为"蛇形线"以降低车速
　　（上：平面图；下：实景图）　　　　　　　　　　　（上：平面图；下：实景图）

228

图7 在道路中间设置"安全岛"，保证老年人可安全过马路

图8 为道路增设"绿化带"及"微环岛"，保证行车安全

图9 路口设置醒目的"提示符"，给行人提醒和警示

## ▶ 总结

　　新加坡乐龄安全区改造项目立足于社区交通环境改造。设计建设方基于现场调研，从场地环境及居民需求出发，因地制宜地实施改造设计，大大提高了老年人的出行安全性。该项目相关改造策略为我国城市更新及老旧小区的适老化改造提供了思路和参考。

（执笔：张昕艺、陈瑜；编审：陈瑜）

**图片来源**　图1来自新加坡陆路交通管理局，官网：https://www.lta.gov.sg/content/ltagov/en.html；图2~图9来自参考文献[1]。

**参考文献**　[1] 唐大雾,柴建伟.新加坡·乐龄安全区：街区适老化专项改造[J].建筑创作,2020(05):188-191.

# 公园互联系统
新加坡

> **导读：** 新加坡国家公园委员会于20世纪90年代开始建设公园互联系统（Park Connector Network，PCN），这是一套将公园相互连接起来的道路体系，人们可以在此慢跑、骑自行车、滑旱冰；其中还穿插着基础服务设施，保证居民可以便利地享受各种娱乐休闲活动（图1）。

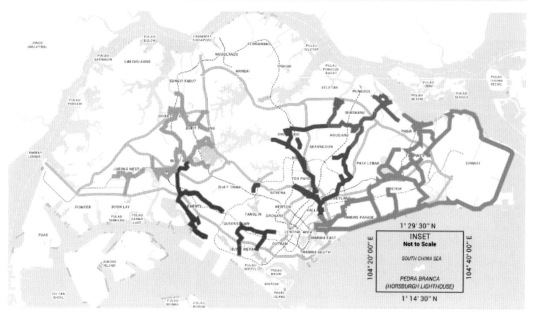

图1　新加坡公园互联系统

## ▶ 项目信息

**建设时间**　20世纪90年代

**建设情况**　已完成6套公园互联系统，共计102条公园连接道，蔓延300km

**建设单位**　国家公园委员会（National Parks Board，NPB）

## ▶ 特色1：丰富城市公共活动场所，提供社交平台

公园互联系统的建设一方面将公园连接起来，为人们提供了环境优美相互串联的散步小径（图2）；另一方面也为人们提供了休闲场所和社交平台。公园连接道沿路设有诸多基础设施和活动空间（图3），让人可以停驻相遇，相互交流；定期举办的徒步、观景活动也吸引了很多居民参与。

图2　公园与公园之间设置连接道

图3　公园连接道一侧设有休息及观光区

## ▶ 特色2：串联各类便民设施，打造休闲娱乐体系

公园互联系统不仅设有道路体系将公园相互连接，为人们外出散步提供了安全便利的环境；道路体系中还布置了诸多便民设施，包括公共卫生间、游乐场、休憩及餐饮设施等，便于人们在散步、慢跑途中随时停下休息，参与沿途的各类活动。图4为城市中央环线系统，包含17条公园连接道及各类基础服务设施。

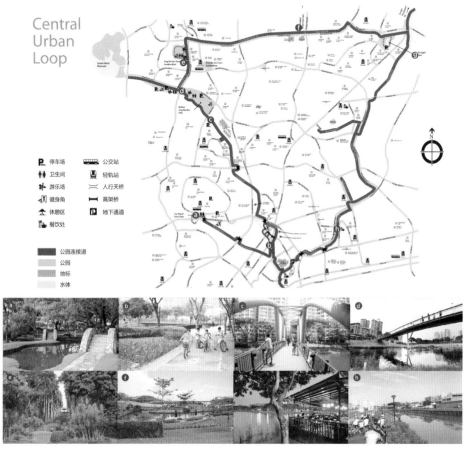

图4　城市中央环线设置的公园连接道及基础服务设施（上：平面图；下：实景图）

## ▶ 总结

新加坡公园互联系统通过优化改造道路体系，为城市居民提供了舒适、便利、安全的休闲交往、运动健身场所，对我国城市公共环境建设具有借鉴参考价值。

（执笔：张昕艺、陈瑜；编审：陈瑜）

**图片来源**　图1、图4来自参考资料[1]；图2、图3来自参考资料[2]。

**参考资料**　[1] Park connector network[EB/OL]. https://www.nparks.gov.sg/gardens-parks-and-nature/park-connector-network.
　　　　　　　[2] 16KM Punggol Park to Marina Bay via PCN (park connector network) | Cycling Singapore[Z]. https://www.youtube.com/watch?v=k2Ue24PwdSQ.

**导读：** 选取美国退休人员协会（AARP）"宜居社区倡议"中，有关促进老年友好公园及公共空间建设的部分策略，结合实际案例，阐述如何打造面向全龄尤其是老年人的城市公园及公共空间（图1~图3）。

图1　AARP "宜居社区倡议" 的宣传海报

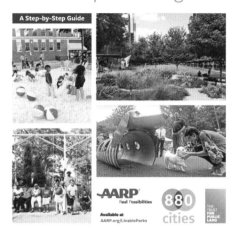

图2　AARP 编制的《全龄公园及公共空间设计策略》封面

## ▶ 背景信息

美国早在20世纪40年代就进入老龄化社会。根据美国人口普查局关于美国人口年龄的报告预测，到2030年，美国每5个人中就有1人（即全美国人口的20%）将年满65岁或以上。

AARP于1958年创立，是一家活跃于全美，拥有3800万会员的非营利组织。该组织致力于在财务安全、医疗保健和社区居住等方面帮助退休人群（50岁及以上）改善他们的生活，"让年长的人们能够自主地选择生活方式"。

由AARP发起的"宜居社区"倡议，旨在为所有人群尤其是老年人创造更加宜居的社区环境，其中较具代表性的一类措施就是打造全龄公园及公共空间。本节将结合典型案例对该部分策略加以阐述。

图3　AARP关于"宜居社区"关键领域的解释

## ▶ 策略1：完善公园设备设施

AARP研究表明，老年人、女性和儿童会把社区公园的安全性和舒适度放在首位。公园的设计与布置应该吸引和方便各年龄段人群，尤其是上述三类群体进行活动。为此，该组织结合美国各地社区公园的案例，提出了以下措施。

### 设置舒适的休息座椅

即使是精力充沛的年轻人，长时间在公园活动时也需要一个能偶尔坐下休息的空间。老年人体力有限，在公园布置密度适中的舒适座椅对他们来说尤为重要。位置、形式适宜的座椅可以鼓励人们更频繁、更长时间地在公园活动。

### 提供完善的配套设施

公园内应提供较为完善的配套设施，比如方便使用的饮水机、干净安全的卫生间、信息清晰且吸引人的标识、清理干净的分类垃圾箱等。这些配套设施完善与否，也在一定程度上影响公园的使用频率和受欢迎程度。

### 满足各类人群使用需求的功能空间

公园的设施和空间应能吸引不同年龄、能力和兴趣的使用者。考虑将体育设施、艺术品、独处角落、散步道、休息区有机结合，创造一个方便所有人使用的公园。

①应该有适合幼儿、青少年、成年人甚至老年人的场地和设备。例如布置乒乓球、象棋等所有年龄段的人均可参与的户外游戏设施及场地。

②散步道一直被老年人评为公园里最重要的基础设施。有标记距离的散步道可为使用者提供便利的锻炼方式。道路应足够宽且平坦，以方便推着婴儿车或使用轮椅的人群。

③锻炼空间应该让所有年龄段的人都能进行体育活动（图4）。可布置不同形式的健身器材，并考虑相互的位置关系，以吸引人群使用。

④空间场地的设计应当为不同的用途预留灵活性。例如，篮球场可以在冬天用作溜冰场。

### 案例一：扎克瑞·雷纳纪念游乐场

扎克瑞·雷纳纪念游乐场(Zachary Reyna Memorial Playground)占地面积一英亩(约合1hm²)，位于佛罗里达州中部的拉贝尔乡村社区的亨德里·拉贝尔城市公园（Hendry LaBelle Civic Park）内，距离该地区的学校和社区都很近。

游乐场内包括一个2~5岁的儿童区域、一个5~12岁的儿童区域、几个成人锻炼设施、野餐桌、烧烤池、长椅和一个饮水机，是老年人、儿童、青少年和其他成年人共享的活动空间。老年人可以使用的锻炼区域与儿童活动区域面对面布置，吸引和激发了老年人锻炼的兴趣（图5）。

图4 锻炼区的器材形式多样，可满足不同锻炼需求的人

图5 老年人在锻炼时可以看到在玩耍的儿童

## ▶ 策略2：提升公园可达性

2017年，旧金山成为美国第一个所有居民均可步行10分钟内到达公园的城市。相较于旧金山，很多其他城市的社区公园覆盖率不尽如人意。为了提升社区公园可达性，AARP组织提出了以下措施。

**优先考虑行人**

散步是公园里最受欢迎的活动，还能增加交往，有利于激发居民的归属感、自豪感和参与感。对老年人来说，步行在经济、社会交往和健康方面也多有益处。

①在步行距离内建公园，吸引老年人前往。

②街道设计以人为尺度，形成舒适的步行网络，沿路设置照明和兴趣点。

③控制车速、保证安全的十字路口和连续的人行道是提升公园可达性的关键因素。

图6　路面上刻有"信任、希望、正义、爱"的文字

**消除公园边界**

2016年，纽约市发起了"无边界公园"倡议，通过改善"入口、边缘和公园邻近空间"，使公园更加开放和友好。

①通过扩大或美化公园入口、降低或移除公园大门及围栏，增加公园的可达性及与周围其他空间的连通性。

②改善公园及其周边的装饰，包括桌椅阳伞等户外家具、独特的人行道路面、吸引人的艺术品以及充满奇思妙想的自行车架等。

③增加公园的地面绿化和树木，或通过盆栽植物和花卉使公园更加亲近自然。

**案例二：塔特诺尔广场公园**

塔特诺尔广场公园(Tattnall Square Park)是美国最古老的公园之一，位于佐治亚州梅肯市。但由于维护不善，公园逐渐成为犯罪猖獗的地方。经过改造，公园又恢复成一个活力、安全、舒适的公共空间，具有步行友好、老年友好的特征。

公园的改造清单包括：安装自行车道和宽阔的人行道；修建环形车道以降低车速；禁止机动车进入公园内部；拆除沥青路面，增加树木和景观；增加长凳、饮水机和表演空间等。此外，公园恢复了被拆除的"和平喷泉"，喷泉周围的砖砌小路上刻有鼓舞人心的文字（图6）。公园的垃圾桶还被用来展示名人和当地居民的名言。

**案例三：百年公地**

百年公地（Centennial Commons）位于费城的帕克赛德社区，被称为"公园中的公园"，是费尔蒙特公园（Fairmount Park）的"前廊"，居民必须穿过繁忙的马路才能到达公园，对老年人来说十分危险。

2018年，遵循"无边界公园"和步行友好的原则，公园进行了改造：通过增加人行横道和其他交通措施，提高了步行安全性；沿街放置了定制的秋千和长凳（图7），使公园融入街景，吸引了包括老年人在内的各年龄人群共享公园。

图7　老年人、青少年和其他居民在公园街边休息

## ▶ 策略 3：建设非常规的公园

对于缺乏传统公园用地的社区，空地、巷道、高速公路地下通道、公共汽车候车亭和街道等空间，都可以作为社区公园的非常规场所，成为促进"宜居社区""老年友好社区"建设的催化剂。

### 鼓励居民参与

"公园化"非常规空间是为了将未被充分利用或被忽视的地方变成供社区居民使用的地方。选择场地时，应当因地制宜，基于社区自身的需求，运用创造力来进行建设。鼓励当地社区居民参与建设，可以最大化地利用空间，满足居民需求。

### 案例四：珍珠街三角区

珍珠街三角区（Pearl Street Triangle）位于纽约市布鲁克林区，原来是一片破旧停车场。通过纽约市广场（NYC Plaza）项目，该地段被改造成了一个兼具功能性和艺术性的公共空间（图8）。其间布置的座位和遮阳伞，让老年人可在此享受明媚的阳光。

### 案例五：画廊小巷

画廊小巷（Gallery Alley）位于堪萨斯州威奇托市的道格拉斯街E.616号，原先是一条宽15英尺（约4.57m）、长140英尺（约42.67m）的小巷，因常被汽车穿行，存在交通安全隐患。

2017年，通过增加墙面及地面色彩亮丽的彩绘、沿路布置温暖的灯光及彩色的桌椅，这条小巷被改造为户外餐饮、活动以及当地艺术家进行艺术和音乐表演的场地。这个充满活力、步行可达的公共空间也成为受当地老年人欢迎的目的地（图9）。

图8  破旧的停车场被改造为可以享受阳光的公共空间

图9  老年人和青年人共享画廊小巷的庆祝活动

## ▶ 总结

AARP旨在为老年人创造更加宜居的社区环境，他们提出的关于全龄友好公园及公共空间的一些建设策略，不仅帮助了社区的老年人，为他们创造更适老、更舒适、更安全的社区环境，提供了"原居安老"的可能；同时，这些措施也提升了社区的整体环境品质，有效促进了社区交往，为所有年龄、能力水平和背景的居民提供充分参与社会生活的机会，为社区持续健康发展注入活力。

（执笔：丁剑秋；编审：陈瑜）

**图片来源**  图2、图5、图6、图7、图8、图9来自参考文献[1]；
图4来自参考文献[2]；
图1、图3根据参考文献[3]改绘。

**参考文献**  [1] AARP. Creating parks and public spaces for people of all ages[M/OL]. 2018[2021-11-15]. https://www.aarp.org/livable-communities/tool-kits-resources/info-2018/livable-parks-guide.html
[2] AARP. Where we live community for all ages[M/OL]. 2018[2021-11-15]. https://www.aarp.org/livable-communities/tool-kits-resources/info-2016/where-we-live-communities-for-all-ages.html
[3] AARP Livable Communities[EB/OL] https://www.aarp.org/livable-communities/

# 居伦里斯派克肯（Gyldenrisparken）社区环境改造
丹麦·哥本哈根

> **导读：** 居伦里斯派克肯社区是一个有着50年历史的老旧社区。改造前这里环境破旧，社会治安较差；通过社区环境改造，这里吸引了多元化的居民，焕发了新的活力，成为一个崭新的宜居社区（图1）。

图1　改造后的居伦里斯派克肯社区鸟瞰图

## ▶ 项目信息

| | | | |
|---|---|---|---|
| **地　　址** | 丹麦哥本哈根阿迈厄岛（Amager） | **设计单位** | Witraz, Vandkunsten and Wissenberg |
| **社区建成时间** | 1966年 | | |
| **社区改造时间** | 2014年 | **运营单位** | Lejerbo（现Bo-Vita） |
| **建筑面积** | 47400m² | **总 造 价** | 7.5亿丹麦克朗（约合7.8亿元） |

## ▶ 改造前问题

　　居伦里斯派克肯社区建于1966年，社区中原有10栋四层住宅建筑，加上一座疗养院（图2）。

　　随着时间的流逝，建筑立面的预制混凝土面板被锈蚀和污染。住宅内部公共空间较少，户外空间也较为单调匮乏，不利于邻里交往。改造前，居伦里斯派克肯社区人烟稀少，社区周边也不安全，亟待通过改造解决现有问题，激发社区活力。

　　新世纪之初，哥本哈根市政府、Lejerbo公司和社区居民共同合作，为居伦里斯派克肯社区制定了改造计划。最终由WVW团队中标，完成了改造设计。

## ▶ 改造内容清单

√ 住宅户型调整；

√ 住宅加装电梯；

√ 建筑立面改造，包括墙面更新、阳
台板更换等；

√ 将原有的疗养院改为儿童活动中心，
供5~18岁的儿童及青少年使用；
建设新的养老院与幼儿园；

√ 社区景观改造。

图2  改造前的居伦里斯派克肯社区

## ▶ "我们如何进行社会改造以防止孤独"

丹麦的土地发展基金会（Landsbyggefonden，以下简称"LBF"）有很大一部分专项资金用于社会住房改造。除了关注建筑质量、绿色节能等层面，近年来LBF开始关注改造的人文意义，如社会住房改造对人群孤独感的影响。对于独居人群和老年人来说，孤独具有潜在的危害，对个人和社会存在负面影响。Realdania（一家慈善机构）认为，孤独感每年会给社会带来70亿丹麦克朗（约合73亿元）的经济损失。如今，丹麦约有超过十万名老年人正在遭受孤独感的影响，而老年人口数量还在不断增加，预计到2040年，60岁以上的人口将超过25%，意味着未来将有更多人面临孤独。

对于这样的现状，丹麦政府认为必须做出改变，LBF与公共住房组织（BL-Danmarks Almene Boliger，以下简称"BL"）、Realdania合作开展了一项名为"社会改造"的行动，旨在进行社区项目改造，重点关注老年人的孤独感，并进行了试点项目，其中就包括对居伦里斯派克肯社区的改造。2017年，三者还联合发表了一份研究成果，名为"我们如何进行社会改造以防止孤独"。

研究成果指出，"社会改造"重点关注社区环境的四个层面，包括住宅本身，主要强调户型的可用性及多样性；住宅边缘空间，关注住宅内外的边界，如立面的开放程度等；社区的公共服务设施及公共活动空间，如幼儿园、疗养院及公共花园等；社区与外界的联系，强调社区对外开放（图3）。本节介绍的居伦里斯派克肯社区改造案例主要体现了前三个层面。

住宅：可用性和多样性

住宅边缘区域：如立面的开放等

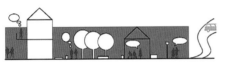

公共区域：如公共服务设施、花园等

社区与外界的联系

图3  "社会改造"行动关注的社区环境四个层面

## ▶ 特色1：改造住宅"边缘"空间，改善室内外关系

对原有住宅和新建疗养院的改造设计中，建筑师着重考虑了对立面的处理：适当开放的立面，能提供良好的采光，提升空间品质；帮助住宅内居民和室外环境创造更好的联系，建立室内外的良好过渡，促进社会关系。改造后的立面很受居民喜欢，几位老年居民表示，他们很喜欢坐在窗边观察户外。

南立面阳台被拓宽了0.5m，以便摆放桌椅、开展活动；同时阳台栏板改为半透明材质，配合落地窗，改善了室内采光（图4、图5）。北立面条形长窗被保留，在此基础上新增了凸窗，既增加了室内台面，也丰富了立面（图6~图8）。山墙面也新增了凸窗（图9），改善室内采光的同时增加了室内外的联系。此外，新凸窗还可以作为道路的反光镜，对保障道路安全有一定作用。立面饰材增加了混凝土挂板，使得建筑焕然一新（图10）。

图4　改造前的南立面　　　图5　改造后的南立面，提高通透性

图6　改造前的北立面　　　图7　改造后的北立面，增设凸窗

  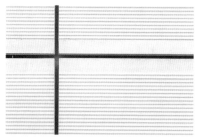

图8　北立面凸窗细节　　　图9　山墙面新增凸窗　　　图10　改造后立面采用的混凝土挂板

图11　抬高室外地平高度，保证首层居民可无障碍进出　　　图12　住宅首层设置露台，增加室内外过渡空间

对首层边缘空间，建筑师也进行了处理：住宅绿地的混凝土围墙被拆除；首层住宅增加了私人露台，更好地完成了室内外过渡；住宅前绿地被逐步抬高，保证首层住户可以无障碍出入小花园，抬高的绿地在公共道路和半私人花园之间形成了良好的缓冲（图11~图14）。

住宅入口处增设了小门廊，集合了门铃、邮箱等（图15），作为公共与私密空间之间的缓冲。改造还增设了电梯，同时清除了进出住宅时阻碍交通的障碍物。

新建疗养院在一层二层均设置了露台，作为半室外空间，为老年人和其他居民互动提供了平台（图16、图17）。

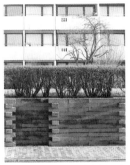 

图13 改造前的住宅绿地设有围墙　　图14 改造后拆除围墙，公共空间更开放

图15 单元门新增雨棚、座椅、信箱等配套设施，为居民提供便利

图16 养老院设有通透立面，鼓励内外交流　　图17 疗养院一层设有露台，增加室内外过渡空间

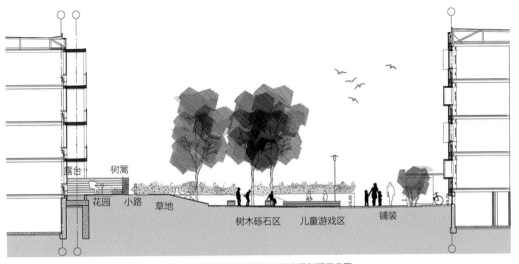

图18 宅间多层级绿地及公共空间剖面示意图

## ▶ 特色2：打造尺度适宜的户外景观，创造交往空间

改造前，社区的楼与楼之间是大片绿地，树木较少，过于开敞的环境不适宜人们驻留、活动。改造时新增了建筑、景观构筑物、座椅、儿童游具及丰富植被，创造了更小、更丰富的公共活动空间。新建疗养院位于社区中间，蜿蜒在原有的大面积草坪中，自然划分出了多个不同尺度的户外空间；各类植被、设施设备的布置营造了多种类型的休息活动场地，供人们开展各种活动。公共绿地和道路贯穿在各类场地中，将疗养院、幼儿园、广场、游乐场都串联起来（图18~图23）。

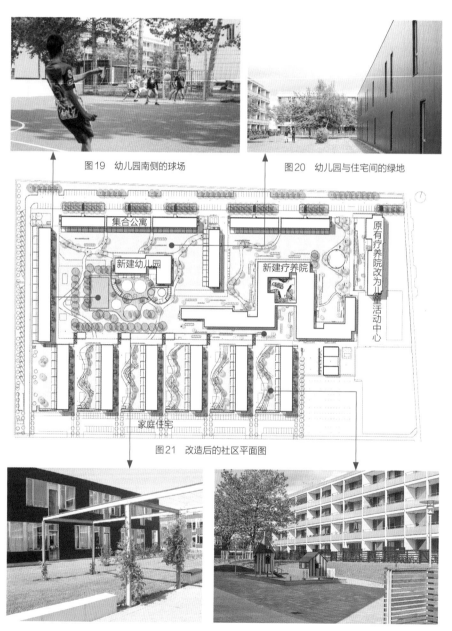

图19　幼儿园南侧的球场　　　　　　　　图20　幼儿园与住宅间的绿地

图21　改造后的社区平面图

图22　疗养院与住宅间的景观构筑物与座椅　　　　图23　住宅间的儿童活动场地

## ▶ 特色3：增加住宅户型多样性，营造全龄社区

住宅在改造时，增加了户型种类，以便吸引更多人群：原有6栋住宅的户型以单身公寓或一居室为主，改造时被合并为面积更大的户型，包括二居室（75m²）和三居室（85m²），以吸引或留住有子女的家庭。改造后的住宅包括大、中、小户型，分别适用于家庭、老年人和年轻人（包括情侣和单身人群），其中多数住宅较好地进行了无障碍设计，便于老年人及儿童居住。

改造后的社区吸引了越来越多的家庭入住，改变了原有的人口结构，居民类型更加丰富，儿童和老年人成为邻居，他们在社区中共同参加活动，互帮互助（图24）。居伦里斯派克肯社区由原来的单一群体老旧社区变成了全龄社区。

图24　改造后社区居民多元化，涵盖不同年龄、不同种族

## ▶ 总结

通过重组户型、新建疗养院和幼儿园，居伦里斯派克肯社区成功地从一个冷清的老旧社区转变为一个充满活力的全龄社区。在"消除孤独感"的设计理念指导下，社区创造了更加丰富多元的室内外过渡空间及户外活动休憩空间，为居民交往提供了机会，促进了代际交流。

（执笔：张泽菲；编审：陈瑜）

**图片来源**　图1、图12、图23来自参考文献[8]；图2来自参考文献[7]；图3来自参考文献[1]；图4、图5、图9、图10、图16、图18来自参考文献[5]；图11、图17来自参考文献[4]；图15来自参考文献[6]；其余图片均来自参考文献[2]。

**参考文献**　[1] Hvordan skaber vi sociale renoveringer, der forebygger ensomhed?[R/OL]. https://almennet.dk/media/882287/sociale-renoveringer-publikation.pdf

[2] Renovering af Gyldenrisparken: respekt for det uperfekte[EB/OL]. [2020-09-03]. http://docplayer.dk/107752267-Renovering-af-gyldenrisparken-respekt-for-det-uperfekte.html

[3] Landsbyggefonden.Sociale renoveringer bekæmper ensomhed[EB/OL]. [2020-09-03]. https://lbf.dk/magasin/sociale-renoveringer-bekaemper-ensomhed/

[4] Sociale renoveringer.Case: Gyldenrisparken[EB/OL]. [2020-09-03]. https://socialerenoveringer.almennet.dk/inspirationskatalog/gyldenrisparken/

[5] Vandkunsten. Respekt for det uper-fek-te[EB/OL]. [2020-09-03]. https://vandkunsten.com/projects/gyldenrisparken

[6] Ramball. Gyldenrisparken-Helhedsplan[EB/OL]. [2020-09-03]. https://dk.ramboll.com/projects/rdk/gyldenrisparken

[7] City Peak.Gyldenrisparken-Copenhagen Denmark[EB/OL]. [2020-09-03]. https://citypeak.blogspot.com/2011/08/gyldenrisparken-copenhagen-denmark.html

[8] Wissenberg.Gyldenrisparken[EB/OL].[2020-09-03].https://wissenberg.dk/projects/gyldenrisparken/#&gid=1&pid=4

# 国内案例

# 清河阳光社区三角地改造
## 中国·北京

> **导读：** 本项目是居住区内一片废弃绿地的改造。改造前的场地杂草丛生，无人问津；改造去除了灌木和杂草，开辟出阳光充沛的活动空间，并置入座椅、健身器材、展板等设施，营造了一片可玩、可憩、可观的场所（图1、图2）。

图1　三角地改造后鸟瞰图

图2　当地居民积极参与社区环境改造

## ▶ 项目信息

| | |
|---|---|
| **地　　址** 北京市海淀区清河街道 | **设计单位** 清华大学建筑学院刘佳燕副教授团队 |
| **建成时间** 2017年7月 | **合作单位** 北京清华同衡规划设计研究院有限公司 |
| **用地面积** 637m² | |

阳光社区位于北京市北五环以外,海淀区清河街道东部,属于典型的城郊混合型居住社区。该社区主要建于20世纪90年代,入住户数1718户,居民约有4700人,居民具有以下特点。

**居民构成复杂:** 现居民包括回迁户、拆迁异地安置户、原清河毛纺厂等单位集体住户,以及商品房住户和租户等,涉及产权单位30多家。

**居民老龄化程度严重:** 社区中老年人数量占比较高,很多老年人在社区中已经生活了几十年,具有较强的归属感,对社区公共活动空间的需求也很强烈。

复杂的居民构成导致社区认同感缺失,进而影响了居民维护社区公共环境的主动性,再加上部分居民一些不文明的生活习惯及不够严格的物业管理,导致社区公共环境品质不佳。虽然社区公共空间面积占比不低,绿化率高达40%,但大多是缺乏维护的杂草灌木,缺少活动空间(图3、图4),居民反映"下楼无处可去",最基础的"晒太阳""和邻居聊天"等需求均无法满足。

图3 改造前的三角地卫星图

图4 改造前三角地是一片废弃的绿地

图5 改造前设计师了解社区情况,征求居民意见

▶ **改造内容清单**

基于上述改造背景,在征求当地居民改造意见的基础上(图5),本项目的改造目标是营造一片满足居民室外活动需求,鼓励邻里互动交往,培养社区认同感的公共空间。具体改造内容包含以下几点:

√ **开辟活动场地:** 清除灌木丛,仅保留高大乔木;更改铺地,设计可供居民活动的开放空间;

√ **提高场地安全性:** 在场地边缘布置由废旧轮胎改造的隔离墩,将场地与车流隔开,保证场地安全;

√ **丰富场地类型:** 布置阳光亭、休憩座椅和健身器材,营造丰富多元的互动空间;

√ **营造社区文化:** 设置"三角地文明公约"标志牌、创意展板区和居民自绘的山墙,培养社区认同感。

改造后场地平面图如图6所示。

**特色1：开辟开敞空间，满足居民晒太阳需求**

改造时选择性地保留了高大乔木，去除了长期失于维护导致垃圾粪便四处堆积的绿色灌木丛，创造出一片开敞的、阳光充沛的活动场地。

**特色2：增加场地设施，丰富活动类型**

设施设备环场地周边布置，以保留中间的空地，供居民灵活组织各类活动。增加的设施包括各类座椅、健身器材、儿童游乐器械和阳光亭（图7~图9）。其中，健身器材和儿童游乐设施相邻布置，视线连通，方便老年人在照看孩子活动的同时坐下休息或与居民聊天，满足了老幼互动的需求。

**特色3：塑造软边界，提高场地安全性**

广场地平高度与旁边的人行道保持一致，

形成无障碍边界。同时，在场地边界处布置由废旧轮胎改造的座椅和隔离墩，与车行道之间形成"软"分隔（图10），既提高了场地的安全性，也保证了场地内部及其与周边视线和流线的通畅。

**特色4：设置展板展墙，营造社区文化**

场地中设置了多种展示社区文化的设施：北侧是一组创意展墙，形状是社区名称的拼音字母，生动活泼，展示社区文化的同时巧妙地隐藏了背后的高压变电箱；东侧紧邻一栋居民楼的山墙，在靠近地面的墙面上居民们亲手绘制了社区生活场景图案，中间段留白，作为电影节等社区活动的投影面；西侧设置了小区名牌，背后镌刻着居民自行拟定的"三角地文明公约"。

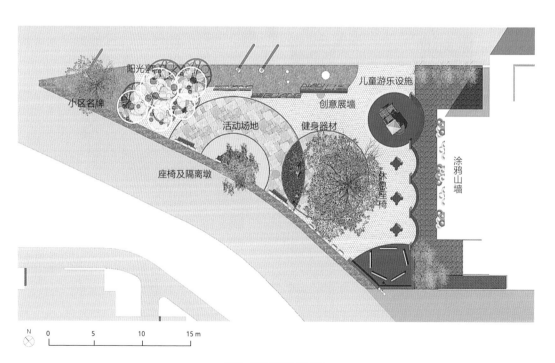

图6　改造后场地平面图

## ▶ 场地改造后效果图及实景图

图7　从东侧看向场地：老幼互动空间

图8　从西侧看向场地：社区名牌及阳光亭

图9　居民在阳光亭休息

图10　场地边界采用轮胎等软性分隔保证场地安全性

## ▶ 总结

　　本项目超脱了设计者常规专业经验的束缚，在设计和改造全过程积极吸引居民参与，根植于居民的生活方式和活动需求，自北向南设置幼儿游戏区、棋牌休憩区和创意涂鸦区，营造出一片阳光充沛、老少兼宜的社区活动场所，并通过墙绘、展板等推动了社区文化的建设。

（执笔：武昊文；编审：陈瑜）

**图片来源**　图3来自Google earth；其他图片均来自清华大学建筑学院刘佳燕副教授。

**参考文献**　[1] 刘佳燕,邓翔宇.北京清河阳光社区三角地改造[J].城市建筑,2018(25):68-71.

**导读：**本项目针对老龄化程度深、建成年代久远的北京市劲松二区实施了改造。改造内容包括"一街""两园""两核心""多节点"，涵盖了社区公共空间、便民服务设施、道路标志系统等，改造后的片区在适老性、美观性、便利性等方面都有所提升（图1、图2）。

图1　改造后的社区入口

图2　改造后的社区活动空间（左：乒乓球区　右：棋牌区）

## ▶ 项目信息

| | | | |
|---|---|---|---|
| **地　　址** | 北京市朝阳区劲松二区 | **社区建设年代** | 1978年起 |
| **建筑面积** | 约12万m² | **社区改造时间** | 2019年4—8月 |
| **老年住户比率** | 39.6%（劲松一到八区） | **设计改造单位** | 愿景集团、九源（国际）建筑顾问有限公司 |

## ▶ 改造前问题

社区建设年代久远，公共环境不佳，主要存在以下问题。

**无障碍设计不到位：**社区公共服务设施出入口缺乏坡道和扶手，不便乘坐轮椅的老年人进出；多层住宅楼普遍没有电梯，老年人上下楼困难；社区道路不平整，存在高差，老年人跌倒风险大；

**基础设施不完备：**缺少非机动车停放空间，电动车和自行车无处停放；楼道堆放电动车及易燃杂物，影响正常通行且存在消防安全隐患；缺少针对老年人的日常生活配套服务设施，老年人生活不便；

**公共活动空间品质不佳：**既有活动空间地面铺装不平整且缺乏活动设施，使用人数较少，氛围比较冷清，活动空间品质不佳阻碍了邻里交往，社区居民归属感不足。

## ▶ 改造对象及改造目标

劲松二区成片示范区的重点改造内容包括"一街""两园""两核心""多节点"（图3~图9）。

**一街：**劲松西街。对沿街的基础服务设施、活动场地进行了更新改造，包括：入口大门、理发店、生鲜超市、早餐店、休闲长廊、公共卫生间等。

**两园：**中心公园（架松公园）和宅间花园（209号楼花园）。翻新公园铺地，并增设活动设施。

**两核心：**社区居委会/服务站，社区物业服务中心/物业党支部。翻修建筑，完善无障碍设施设备。

**多节点：**新建多处标识、道路铺装、配套服务设施、自行车棚等。

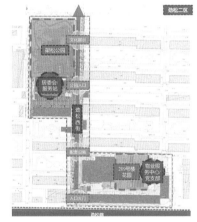

图3 示范区改造对象及整体规划

图4 改造前的社区活动场地

图5 改造前的社区服务站

图6 改造前的便民服务设施

图7 改造后的社区活动场地（含散步道）

图8 改造后的社区服务站（含社区食堂）

图9 改造后的便民服务设施（含自行车棚）

## ▶ 特色 1：聚焦适老改造，打造敬老社区

由于社区居民中的老年人比例较高，提升社区环境适老化水平是改造的一项重要目标，具体改造措施主要包含三方面：

√ **增设适老便民服务设施：**针对老年人的日常生活需求，增设相应的服务设施，如社区老年食堂、理发店（图10）、社区会客厅（图11）、便民超市、早餐店、公共卫生间等，方便老年人在地养老。

√ **保证出行无障碍：**完善社区公共场所、楼栋出入口、楼道等空间的无障碍设计，如保证活动空间路面平整（图12）、增设无障碍坡道、对人行道边缘进行斜坡处理（图13）等。

√ **增添适老化休憩活动设施：**在活动场地布置带简易扶手的座椅，便于老年人起立坐下时撑扶；在休息区预留轮椅停放处，便于乘坐轮椅的老年人参与聊天休憩（图14）；结合景观树池布置座椅，便于老年人活动间隙随时停驻休息（图15）。

图10　增设社区理发店

图11　增设社区会客厅

图12　修缮活动空间路面，保证平整

图13　人行道边缘做斜坡处理

图14　休憩区设置带扶手的座椅及轮椅停放处

图15　结合树池布置座椅

## ▶ 特色2：改善活动空间，促进社区交往

项目对社区中心公园及宅间小花园进行了更新改造（图16、图17）：重新铺装，保证地面平整防滑，便于轮椅、婴儿车通行；新增凉亭、座椅、乒乓球棚、儿童游乐玩具等娱乐休闲设施，为居民开展活动提供平台，同时促进代际交流；丰富环境景观，新增绿植，美化社区环境。

图16 改造后的社区中心公园广场（老幼互动区）　　　　　　图17 改造后的宅间花园广场

## ▶ 特色3：加强文化建设，唤醒社区共识

为了加强社区文化建设，改造时设计了特色标识系统，提高了片区的识别性（图18）；还设计了文化长廊用于张贴海报，宣传展示社区历史文化（图19）。另外，居委会开始组织各类兴趣活动，定期开展惠民公益演出，提高了社区凝聚力。

图18 为社区增设特色标识　　　　　　　　　　　　图19 社区的文化展示长廊

## ▶ 总结

本项目是社区适老化改造的试点示范项目。改造以深入的前期调研为基础，将提高社区宜居性、加强文化建设为目标，从硬件设施和软件服务方面对社区环境进行了提升改造。改造后的社区空间在安全性、美观性、宜居性等方面均得到了改善，为社区居民，尤其是老年人提供了舒适便利的生活环境。

（执笔：武昊文；编审：陈瑜）

---

**图片来源**　图片均由愿景集团提供。

# 江川路街道环境改造

中国·上海

> **导读：** 江川路片区街道的适老化改造项目的室外环境部分主要包含三处：孝亲广场、街区步道和小区主入口。改造中充分挖掘了滨水景观资源的价值，并增加了多样的适老化设施，从美观度和便捷度两方面提升了环境品质（图1~图3）。

图1　孝亲广场改造后照片

图2　改造后的街区步道

图3　改造后的小区主入口

## ▶ 项目信息

地　　址　上海市闵行区江川路街道片区

建设时间　2019年10月 — 2020年10月

设计单位　上海交通大学奥默默工作室、上海华

都建筑规划设计有限公司

调研团队　上海交通大学奥默默工作室蛋黄派社区营造团队

## ▶ 改造前情况

改造前的片区室外环境存在很多问题：

1. 公共活动空间数量不足且品质欠佳，附近居民缺乏休闲社交场所；

2. 道路年久失修，存在地面开裂、斑马线模糊的情况；

3. 街区导向性不明确，缺乏指示标识；

4. 缺乏无障碍设施等。

上述问题给居民日常生活带来了很多不便，对老年人尤其不友好（图4~图7）。

图4　孝亲广场现存问题

图5　小区入口现存问题

图6　滨水步道现存问题

图7　街区步道现存问题

## ▶ 改造内容清单

√ 步行系统：在老人频繁经过的道路上设置连续的扶手、标识系统；

√ 社区公园：结合滨水空间设置小型社区花园，布置座椅、扶手等适老化设施，并翻新公园中的公厕；

√ 小区入口：在小区入口处设置小型休憩空间，通过彩色涂料引导人车分流并提升场所活力度（图8）。

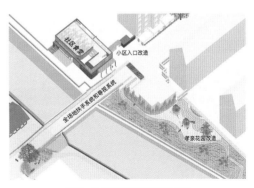

图8　片区改造内容轴测示意图

## ▶ 特色1：翻新孝亲广场，使其可忆、可观、可游

孝亲广场面积约为900m²，邻近河道，是附近社区居民的重要活动空间。改造前由于缺乏维护，来此处活动的居民较少，广场氛围冷清（图9）。

孝亲广场的改造重点在于翻新场地设施，提升场所活力：首先将场地向滨水侧打开，形成通畅的视线，同时将场地内步道与滨水步道连接，形成连续的散步流线，充分利用了滨水景观的价值（图10~图12）；在此基础上，在场地内设置适宜老年人使用的座椅和扶手，并翻新公厕，便于居民使用（图13、图14）。此外，还通过锈钢板、石块等材料延续了场所的工业历史痕迹。

通过以上几点，改造设计从视觉、功能和场所氛围多方面进行了提升，为附近居民营造了一片舒适宜人的休闲活动场所。

图9 改造前的孝亲广场缺乏维护、氛围冷清

图10 改造后的孝亲广场翻新了设施、提升了活力

图11 改造后的孝亲广场增加连续的滨水散步流线

图12 改造后的孝亲广场翻新了树池座椅、石材铺装

图13 改造前的公厕立面陈旧

图14 改造后的公厕立面翻新

## ▶ 特色2：分析老年人的出行习惯，合理设置扶手和导视系统

针对街区道路，该项目在前期调研中分析了多位社区老年人的日常出行轨迹，了解到老年人频繁经过的空间节点。改造中，重点在这些"高频流线"上设置连续的扶手和标识系统，改造有主有次，提升了老年人出行的安全性和便捷性（图15、图16）。

图15　改造后的街区人行道

图16　改造后的滨水散步道

## ▶ 特色3：改造小区入口，提升空间活力

原有的小区主入口墙面老旧斑驳，视觉形象单调，整体氛围阴沉（图17）。改造中，以锈钢板和暖色系涂料在视觉上营造出活跃的气氛，同时设置座椅等可供短暂停留休憩的空间，引导居民在此处交谈或等待亲人回家，进一步提升入口空间的活力度，营造出"家"的氛围（图18）。

此外，基于黄色给人安全感的心理学理论基础，地面上的黄色涂料除了能够鲜明地提示入口外，还有引导人车分流的作用，即引导行人走黄色区域、机动车走沥青路面，在狭窄的过道内灵活分隔了人流和车流，进一步保障了社区居民的出行安全。

图17　改造前的小区主入口可识别性低、路面老旧

图18　改造后的小区主入口视觉鲜明，并设置了休憩空间

## ▶ 总结

本项目是社区环境适老化改造的示范案例。改造设计没有局限在传统意义上的物质修缮，还深入发掘、保护和激活了社区居民的生活意义，以最小的介入方式，达到最适宜的片区更新成果。通过翻新孝亲广场和公厕、增设街道扶手标识系统以及活化小区入口等策略，从视觉形象、场所氛围和使用便捷性等方面提高了场所空间品质，进而提升了附近社区居民特别是老年人的幸福感。

本项目作为上海江川路片区改造的一部分，结合前述的两个案例（案例11劳模之家改造、案例26悦享食堂）形成了包含室内与建筑—街道—公共活动空间的"点—线—面"全方位改造系统。

（执笔：武昊文、王春彧；编审：王春彧）

图片来源　均来自上海交通大学奥默默工作室、上海华都建筑规划设计有限公司。

# 曾家岩社区环境适老化改造

中国·重庆

> **导读：** 本项目作为重庆市社区养老服务"千百工程"示范项目之一，以政府主导、企业承办的方式，对社区公共区域的功能布局、景观设计和辅助设施进行了整体改造。改造没有大拆大建，而是从细节入手，以提升适老化水平和整体环境品质（图1~图2）。

图1 改造后的社区入口

图2 社区区位图

▶ **项目信息**

| | | | |
|---|---|---|---|
| **地 址** | 重庆市渝中区人民支路 | **改造面积** | 4120m² |
| **建设时间** | 1996年 | **发起单位** | 重庆市渝中区人民政府上清寺街道办事处 |
| **常住人口** | 8515人 | **实施单位** | 重庆安馨天工适老宜居工程技术有限公司 |
| **改造时间** | 2019年8月12日—9月20日 | | |

▶ **改造前问题**

　　曾家岩社区共有六栋点式多层住宅、一组板式多层住宅，还配套有社区养老服务驿站。社区整体呈狭长状，内侧有一个中央活动场地和多个宅间场地，外侧有多个沿街出入口。

　　此前，曾家岩社区已完成一轮整体改造，但在适老化与无障碍方面，仍存在问题（图3）。

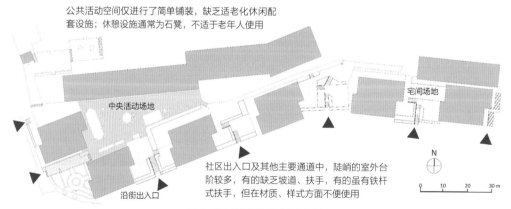

公共活动空间仅进行了简单铺装，缺乏适老化休闲配套设施；休憩设施通常为石凳，不适于老年人使用

社区出入口及其他主要通道中，陡峭的室外台阶较多，有的缺乏坡道、扶手，有的虽有铁杆式扶手，但在材质、样式方面不便使用

图3 改造前社区平面及现存问题

## ▶ 改造内容清单

√ 出入口、公共环境无障碍设计：选取社区的3个主要出入口进行重点设计，在台阶高差处安装扶手、设置成品坡道板、安装标识等；

√ 公共空间设施配置：在社区中央场地布置休闲座椅、表演舞台，形成活动空间；在社区养老服务驿站前的场地及宅间场地，增设休憩活动设施，形成小型活动空间。

## ▶ 特色1：出入口无障碍设计，加装扶手

改造时在主要出入口和道路高差处均安装了适老化扶手，扶手的木制横杆直径贴合手握尺寸，高度适合老年人撑扶（图4、图5）。

除此之外，入口还进行了各具特色的形象设计，包括社区标志及"山城剪影"主题的电箱遮罩，一方面利于老年人辨识记忆，另一方面也增加了社区认同感。

图4 改造前的社区入口　　图5 改造后的社区入口，增设扶手

## ▶ 特色2：活动场地功能布置，增加设施

改造时在中央场地增添了带扶手的适老化座椅，布置在活动区周边，既方便老年人在活动间隙休息，又让活动区和休憩区之间保持了良好的视线关系，为社区居民互动提供机会（图6、图7）。

此外，设计师计划利用中央场地的现状平台，改造为社区舞台，促进居民开展活动；同时希望在宅间场地增添健身器械、游戏铺装、康复步道等设施，使场地元素更加丰富，从而吸引更多居民外出活动。

图6 改造前的社区活动空间　　　　　图7 改造后的社区活动空间，增设座椅

## ▶ 总结

本项目通过因地制宜的设计，施加小而可行的改动，让社区环境更加适老。虽然因受到现实复杂因素影响，设计目标未能全部实现，但既有改造措施仍具有一定的普及推广价值。

（执笔：范子琪；编审：陈瑜）

**图片来源**　图片均由北京安馨养老产业投资有限公司提供。